校企合作开发教材

高等职业院校专业能力建设项目——机电类专业系列规划教材

自动线安装与调试

主　编　　赵　雷　　李　波

副主编　　程晶晶　　何魁艳　　王鹏程

西南交通大学出版社

·成　都·

图书在版编目（CIP）数据

自动线安装与调试 / 赵雷，李波主编. —成都：西南交通大学出版社，2020.4（2022.11 重印）
高等职业院校专业能力建设项目. 机电类专业系列规划教材
ISBN 978-7-5643-6932-3

Ⅰ. ①自… Ⅱ. ①赵… ②李… Ⅲ. ①自动生产线－安装－高等职业教育－教材②自动生产线－调试方法－高等职业教育－教材 Ⅳ. ①TP278

中国版本图书馆 CIP 数据核字（2020）第 047131 号

高等职业院校专业能力建设项目——机电类专业系列规划教材

Zidongxian Anzhuang yu Tiaoshi

自动线安装与调试

主编 赵 雷 李 波

责任编辑 梁志敏
封面设计 何东琳设计工作室

出版发行 西南交通大学出版社
（四川省成都市金牛区二环路北一段 111 号
西南交通大学创新大厦 21 楼）
邮政编码 610031
发行部电话 028-87600564 028-87600533
网址 http://www.xnjdcbs.com
印刷 四川森林印务有限责任公司

成品尺寸 185 mm × 260 mm
印张 10
字数 248 千
版次 2020 年 4 月第 1 版
印次 2022 年 11 月第 2 次
定价 35.00 元
书号 ISBN 978-7-5643-6932-3

课件咨询电话：028-81435775

前　言

伴随着科学技术的进步和经济快速发展的需要，现代化制造业的生产设备已向系统化、自动化方向发展。企业对设备安装、调试、维护及操作人员的需求日益增加。因此，培养高素质技术技能人才已成为当务之急，也是高等职业院校义不容辞的责任。

本书遵循“以服务为宗旨、以就业为导向、以能力为本位”的高职教育理念，根据职业能力培养要求，采用工作过程为导向的模块化课程开发模式，打破学科知识的界线，针对实际工作任务需要，重新组织和设计教学方式，突出“做中学”“学中做”，使学生在完成任务的同时，掌握相关知识和技能，凸显职业教育特色。

本书由学校、企业专家联合开发，按照学生的认知规律，以 YL-335B 型自动线典型工作站为主线，以典型项目为载体，以培养职业核心能力为本位，机、电、气有机结合，注重知识的递进性和连贯性，将基础理论和工程实践能力培养融为一体，为学生以后从事自动线相关岗位夯实基础。

本书共分 5 个模块，系统介绍了 YL-335B 型自动线供料单元、传输单元、加工单元、装配单元、分拣单元的安装与调试，涉及传感器、PLC、气动、组态、变频器等相关知识，在编写过程中考虑到不同教学设备的差异，具有一定的通用性。

本书可作为高职高专自动化、机电一体化及相近专业教材，建议教学 60 学时左右，也可供相关工程技术人员自学参考。

本书由重庆机电职业技术大学赵雷、李波担任主编，重庆机电职业技术大学何魁艳、重庆机电职业技术大学程晶晶、深圳中奥实业有限公司王鹏程担任副主编。本书的编写离不开重庆机电职业技术大学相关领导、教师及企业专家的大力支持和热心帮助，在此表示诚挚的谢意。

尽管我们在教材建设时做了很多努力，但由于编者水平有限，书中难免存在疏漏和不妥之处，敬请广大读者批评指正。

编　者

2019 年 10 月

目　录

模块 1　供料单元的安装与调试

【能力目标】

（1）会分析供料单元的工作过程。

（2）能进行本单元气路的连接及调整。

（3）会进行本单元传感器的安装接线，并能正确调试。

（4）能进行程序的离线和在线调试。

（5）能在规定时间内完成供料单元的拆装与调整，根据控制要求完成程序的编制与调试，并能解决安装与运行过程中出现的问题。

【知识目标】

（1）熟悉供料单元的结构组成及工作过程。

（2）掌握双作用气缸、单电控电磁阀等基本气动元件的功能、特性。

（3）掌握磁性开关、电感式接近开关、光电式接近开关等传感器的结构、特点及电气接口特性。

（4）掌握用步进指令编制顺序控制程序的方法。

（5）掌握子程序调用指令的应用。

【教学重点】

气路的调整、传感器的调试、供料控制程序的编制。

【教学难点】

传感器的调试、控制程序的编制与调试运行。

1.1 供料单元的结构及工作原理

供料单元是自动化生产线的起点站，在整个自动化生产线中起到向其他工作单元提供原材料的作用。其主要功能是将料仓的工件推到物料台上，等待机械手装置将其抓送到加工单元进行加工。

供料单元主要由 PLC（可编程控制器）模块、急停按钮、启动按钮、停止按钮、工件装料管、工件推出装置、支撑架、阀组、端子排组件、传感器、走线槽、底板等组成，如图 1-1 所示。

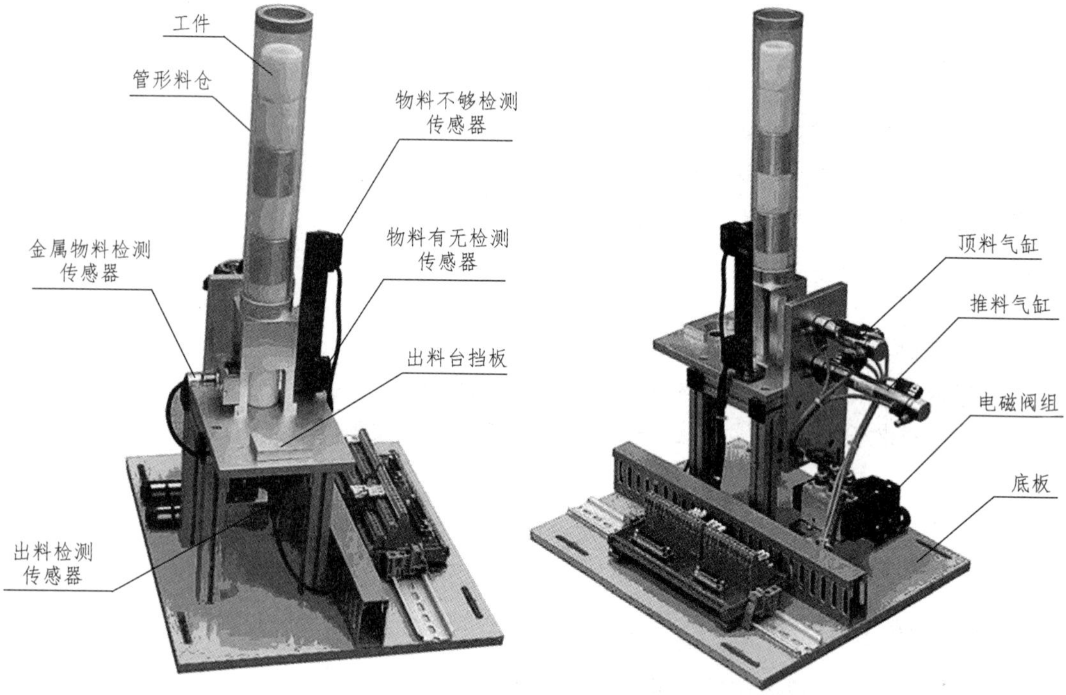

图 1-1 供料单元的装置侧部分机构

其中，管形料仓和工件推出装置用于存储工件原料，并在需要时将料仓中最下层的工件推出到物料台上。该部分主要由管形料仓、推料气缸、顶料气缸、漫反射开关、磁感应接近开关组成。供料操作如图 1-2 所示。

供料单元的工作原理：工件垂直叠放在料仓中，推料气缸处于料仓的底层，其活塞杆可从料仓的底部通过。当活塞杆退回初始位置时，它与最下层工件处于同一水平位置，而顶料气缸则与次下层工件处于同一水平位置。需要将工件推出到物料台上时，首先使顶料气缸的活塞杆推出，压住次下层工件；然后使推料气缸活塞杆推出，从而把最下层工件推到物料台上。在推料气缸返回并从料仓底部抽出后，再使顶料气缸返回，松开次下层工件。这样，料仓中的工件就在重力的作用下，自动向下移动一个工件，为下一次推出工件做好准备。

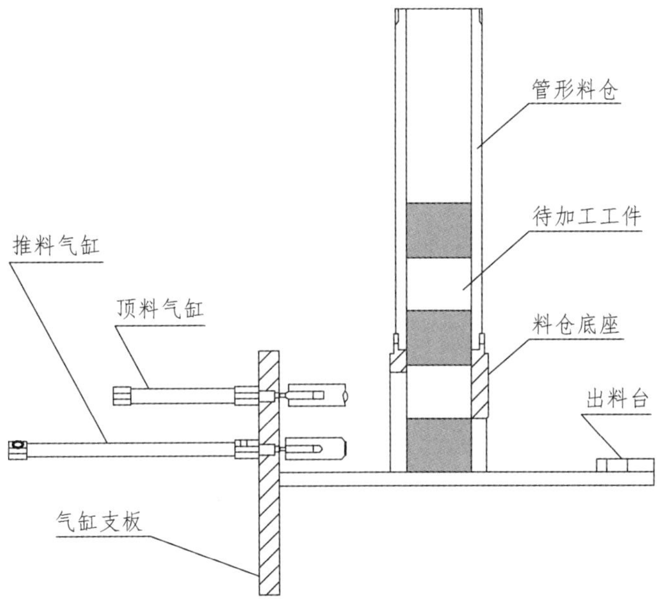

图 1-2　供料操作示意图

1.2　相关知识点

1.2.1　供料单元使用的相关传感器（见图 1-3）

位置 A 和位置 B 光电开关感应距离为 0~100 mm，颜色检测光电开关应距离可调（系统已调好，请不要随意调整感应距离）。材质检测接近开关感应距离为 0~5 mm，用来区分金属和非金属物料。请确保系统运行时，各传感器前不存在其他物品。

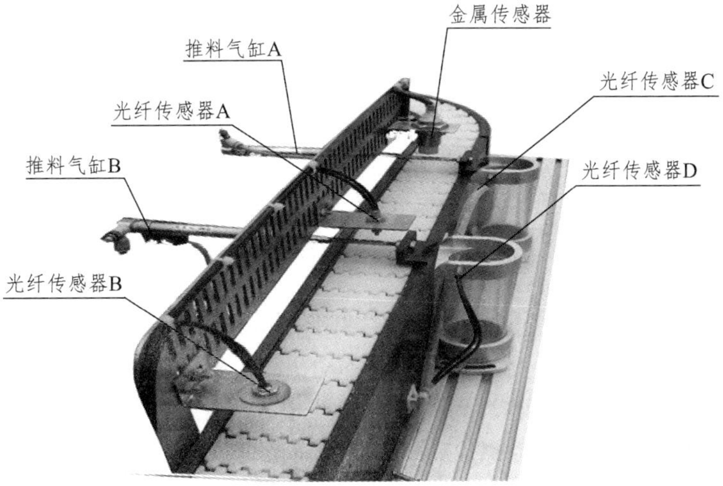

图 1-3　传感器示意图

YL-335B 型自动线各工作单元所使用的传感器都是接近传感器，它利用传感器对所接近的物体具有的敏感特性来识别物体的接近，并输出相应开关信号，因此，接近传感器通常也被称为接近开关。

接近传感器有多种检测方式，包括利用电磁感应引起检测对象的金属体中产生涡电流的方式、捕捉检测体接近引起电气信号容量变化的方式、利用磁石和引导开关的方式、利用光电效应和光电转换器件作为检测元件等。YL-335B 型自动线所使用的是磁感应式接近开关(或称磁性开关)、电感式接近开关、漫反射光电开关和光纤型光电传感器等。

1. 磁性开关

YL-335B 型自动线所使用的气缸都是带磁性开关的气缸。这些气缸的缸筒采用导磁性弱、隔磁性强的材料，如硬铝、不锈钢等。在非磁性体的活塞上安装一个永久磁铁的磁环，这样就提供了一个反映气缸活塞位置的磁场。而安装在气缸外侧的磁性开关则用来检测气缸活塞位置，即检测活塞的运动行程。有触点式的磁性开关用舌簧开关作磁场检测元件。舌簧开关成型于合成树脂块内，并且一般还有动作指示灯、过电压保护电路也一起被塑封在内。图 1-4 是带磁性开关气缸的工作原理图。当气缸中随活塞移动的磁环靠近开关时，舌簧开关的两根簧片被磁化而相互吸引，触点闭合；当磁环移开开关后，簧片失磁，触点断开。触点闭合或断开时发出电控信号，在 PLC 的自动控制中，可以利用该信号判断推料及顶料缸的运动状态或所处的位置，以确定工件是否被推出或气缸是否返回。

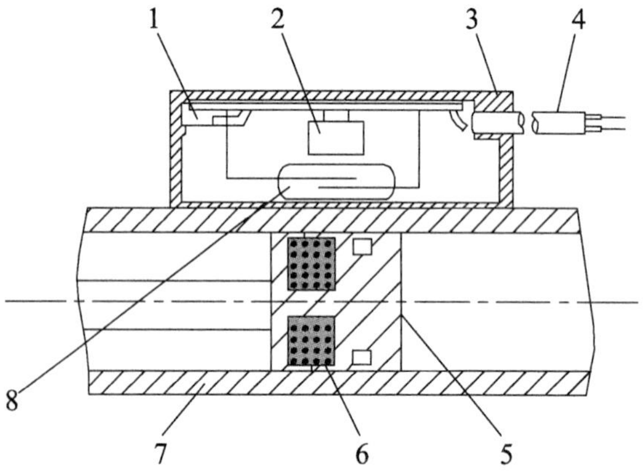

1—动作指示灯；2—保护电器；3—开关外壳；4—导线；5—活塞；
6—磁环（永久磁铁）；7—缸筒；8—舌簧开关。

图 1-4 带磁性开关气缸的工作原理图

在磁性开关上设置的 LED（发光二极管）用于显示其信号状态，供调试时使用。磁性开关动作时，输出信号“1”，LED 亮；磁性开关不动作时，输出信号“0”，LED 不亮。

磁性开关的安装位置可以调整，调整方法是松开它的紧定螺栓，让磁性开关顺着气缸滑动，到达指定位置后，再旋紧紧定螺栓。磁性开关有蓝色和棕色 2 根引出线，使用时蓝色引出线应连接到 PLC 输入模块的 COM 端子上，棕色引出线应连接到 PLC 输入的对应 X 端子上。磁性开关的内部电路如图 1-5 中虚线框内所示。

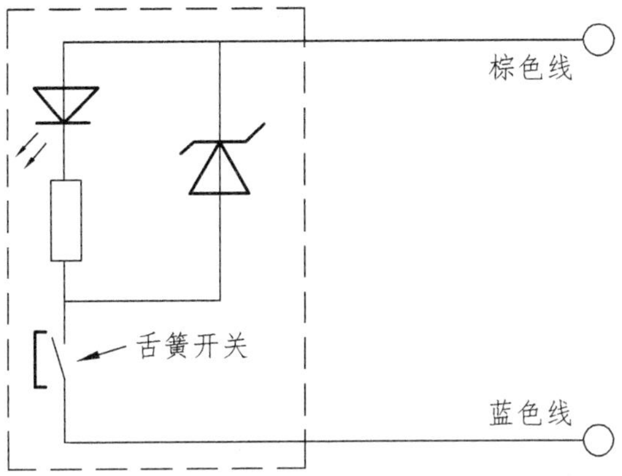

图 1-5　磁性开关内部电路

2. 电感式接近开关

电感式接近开关是利用电涡流效应制造的传感器。电涡流效应是指这样一种物理效应：当金属物体处于一个交变磁场中，在金属内部会产生交变的电涡流，该涡流又会反作用于产生它的磁场。如果这个交变的磁场是由一个电感线圈产生的，则这个电感线圈中的电流就会发生变化，用于平衡涡流产生的磁场。利用这一原理，可以用高频振荡器（LC 振荡器）中的电感线圈作为检测元件，当被测金属物体接近电感线圈时产生了涡流效应，引起振荡器振幅或频率的变化，由传感器的信号调理电路（包括检波、放大、整形、输出等电路）将该变化转换成开关量输出，从而达到检测目的。电感式接近传感器工作原理如图 1-6 所示。供料单元中，为了检测待加工工件是否为金属材料，在供料管底座侧面安装了一个电感式传感器，如图 1-7 所示。

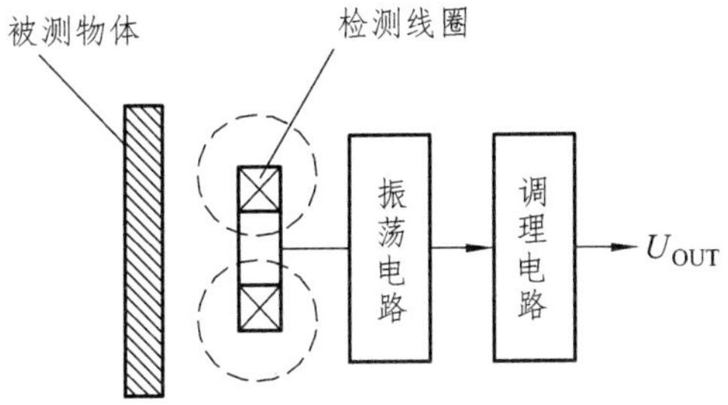

图 1-6　电感式接近传感器原理框图

图 1-7　供料单元上的电感式传感器

在接近开关的选用和安装中，必须认真考虑检测距离、设定距离，保证生产线上的传感器可靠动作。安装距离注意说明如图 1-8 所示。

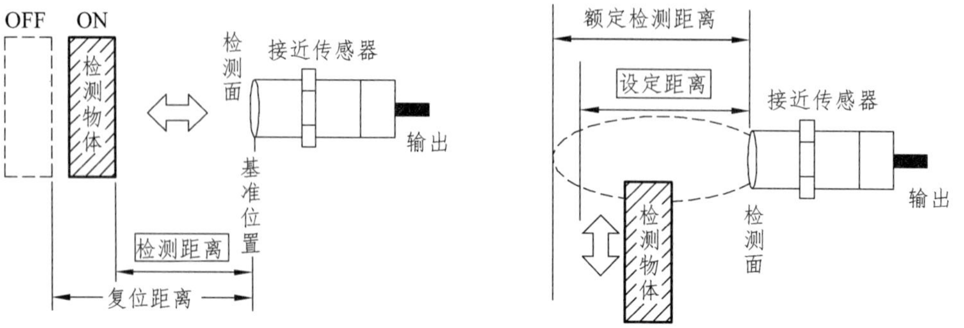

（a）检测距离　　（b）设定距离

图 1-8　安装距离注意说明

3. 漫射式光电接近开关

1）光电式接近开关

光电传感器是利用光的各种性质，检测有无物体和表面状态变化等的传感器。其中，输出形式为开关量的传感器为光电式接近开关。光电式接近开关主要由光发射器和光接收器构成。如果光发射器发射的光线因检测物体不同而被遮掩或反射，到达光接收器的量将会发生变化。光接收器的敏感元件将检测出这种变化，并转换为电气信号输出。光发射器大多使用可见光和红外光。按照接收器接收光的方式的不同，光电式接近开关可分为对射式、反射式和漫射式 3 种，如图 1-9 所示。

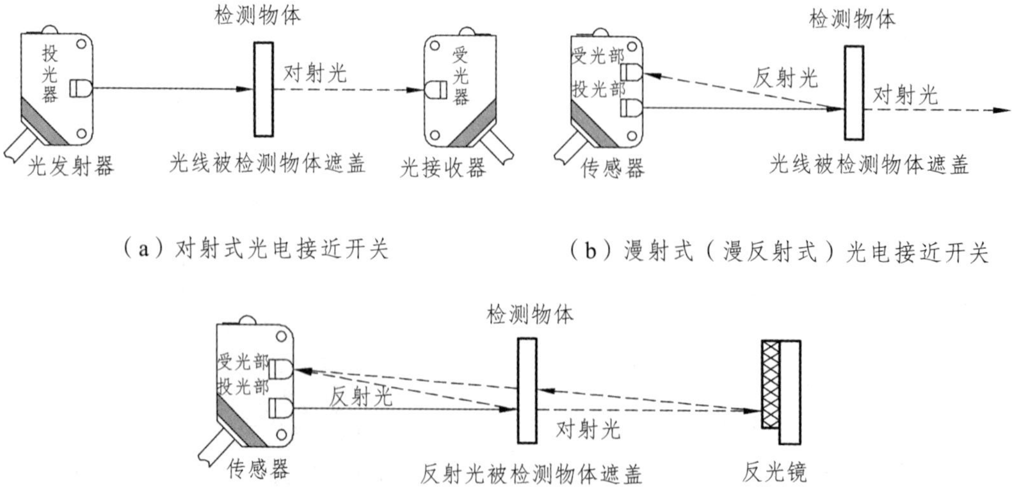

（c）反射式光电接近开关

图 1-9　光电式接近开关

2）漫射式光电开关

漫射式光电开关是利用光照射到被测物体上后反射回来的光线而工作的，由于物体反射的光线为漫射光，故称为漫射式光电接近开关。它的光发射器与光接收器处于同一侧位置，且为一体化结构。在工作时，光发射器始终发射检测光，若接近开关前方一定距离内没有物体，则没有光被反射到接收器，接近开关处于常态而不动作；反之若接近开关的前方一定距离内出现物体，只要反射回来的光强度足够，则接收器接收到足够的漫射光就会使接近开关动作而改变输出的状态。图 1-9（b）为漫射式光电接近开关的工作原理示意图。供料单元中，用来检测工件不足或工件有无的漫射式光电接近开关选用神视或OMRON公司的CX-441型或E3Z-L61 型放大器内置型光电开关（细小光束型，NPN 型晶体管集电极开路输出）。该光电开关的外形和顶端面上的调节旋钮及显示灯如图 1-10 所示。图中动作选择开关的功能是选择受光动作（Light）或遮光动作（Drag）模式。即当此开关按顺时针方向充分旋转时（L 侧），则进入“检测-ON”模式；当此开关按逆时针方向充分旋转时（D 侧），则进入“检测-OFF”模式。距离设定旋钮是回转调节器，调整距离时注意逐步轻微旋转，否则旋转幅度过大距离调节器会空转。调整的方法是：首先按逆时针方向将距离调节器充分旋到最小检测距离（E3Z-L61 约 20 mm），然后根据要求距离放置检测物体，按顺时针方向逐步旋转距离调节器，使传感器进入检测条件的点；拉开检测物体距离，按顺时针方向进一步旋转距离调节器，使传感器再次进入检测状态，一旦进入，向后旋转距离调节器直到传感器回到非检测状态的点。两点之间的中点为稳定检测物体的最佳位置。图 1-11 给出了该光电开关的内部电路原理框图。

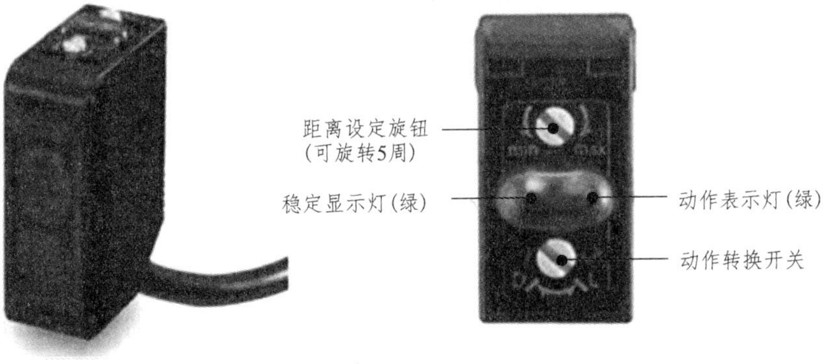

（a）E3Z-L 型光电开关外形　　（b）调节旋钮和显示灯

图 1-10　CX-441（E3Z-L61）型光电开关的外形和调节旋钮、显示灯

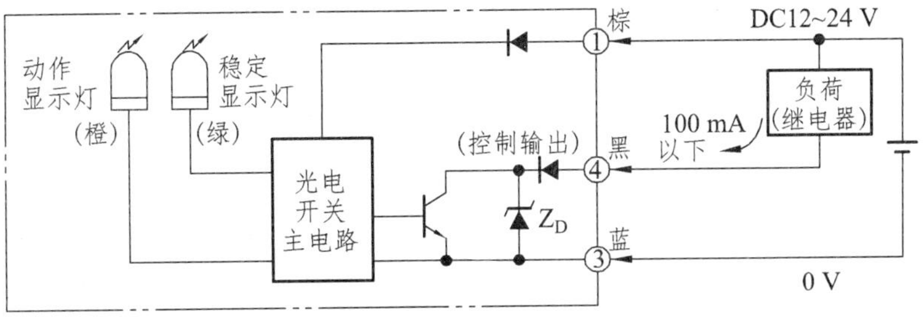

图 1-11　CX-441（E3Z-L61）光电开关电路原理图

用来检测物料台上有无物料的光电开关是一个圆柱形漫射式光电接近开关。它工作时向上发出光线，从而透过小孔检测是否有工件存在，本物料台上选用 SICK 公司的 MHT15-N2317 型光电开关，其外形如图 1-12 所示。

图 1-12　MHT15-N2317 型光电开关外形

3）光纤式光电接近开关

光纤型传感器由光纤检测头、光纤放大器两部分组成。放大器和光纤检测头是分离的两个部分，光纤检测头的尾端部分分成两条光纤，使用时分别插入放大器的两个光纤孔。光纤型传感器以光纤本身作为敏感元件，使光纤兼有感受和传递被测信息的作用。它没有电路连接，不产生热量，只利用很少的光能。光纤传感器组件如图 1-13 所示。图 1-14 是放大器的安装示意。

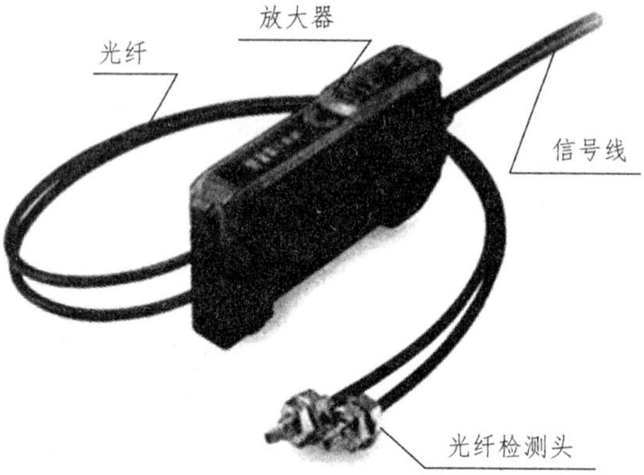

图 1-13　光纤传感器组件

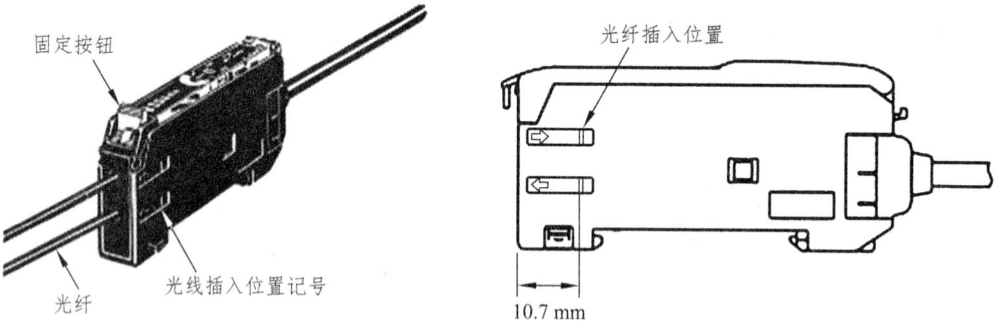

图 1-14　光纤传感器组件外形及放大器的安装示意

光纤传感器也是光电传感器的一种。光纤传感器具有下述优点：抗电磁干扰，可工作于恶劣环境，传输距离远，使用寿命长。此外，由于光纤头体积较小，可以安装在空间很小的地方。光纤式光电接近开关的放大器的灵敏度调节范围较大。当光纤传感器灵敏度调得较小时，光电探测器无法接收到反射性较差的黑色物体的反射信号；而可以接收到反射性较好的白色物体的反射信号。若调高光纤传感器灵敏度，则即使是反射性较差的黑色物体，光电探测器也可以接收到其反射信号。图 1-15 给出了放大器单元的俯视图，调节其中部的旋转灵敏度高速旋钮就能进行放大器灵敏度调节（顺时针旋转灵敏度增大）。调节时，会观察到“入光量显示灯”亮度的变化。当探测器检测到物料时，“动作显示灯”会亮，提示检测到物料。

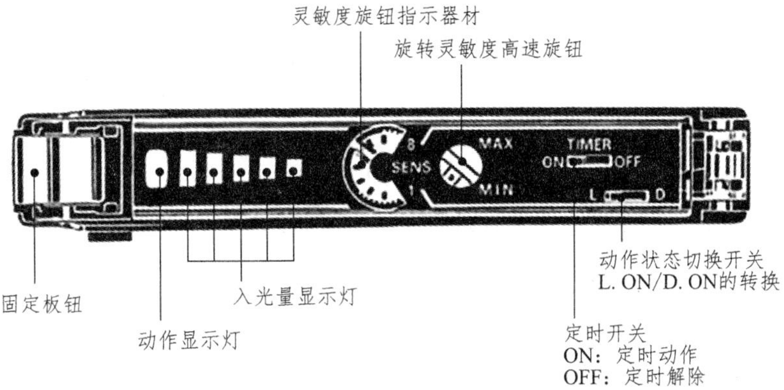

图 1-15　光纤传感器放大器单元的俯视图

E3X-NA11 型光纤传感器电路如图 1-16 所示，接线时请注意根据导线颜色判断电源极性和信号输出线，切勿把信号输出线直接连接到电源+24 V 端。

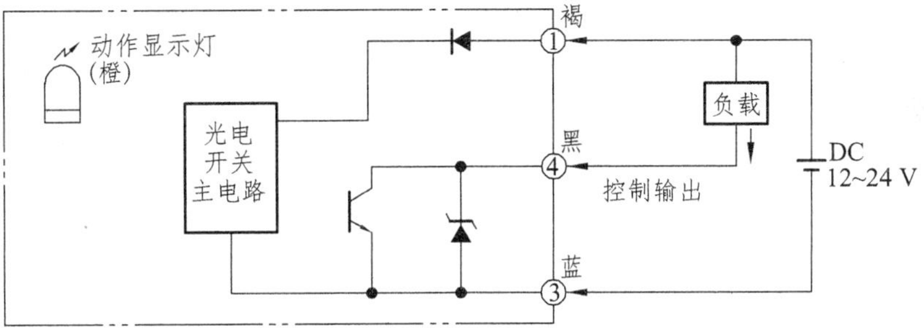

图 1-16　E3X-NA11 型光纤传感器电路框图

4. 常用开关量传感器图形符号

常用开关量传感器图形符号如图 1-17 所示。图中（a）（b）（c）三种情况均使用 NPN 型三极管集电极开路输出。如果是使用 PNP 型三极管，正负极性应反过来。

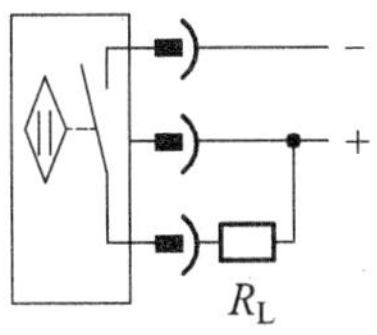

（a）通用图形符号

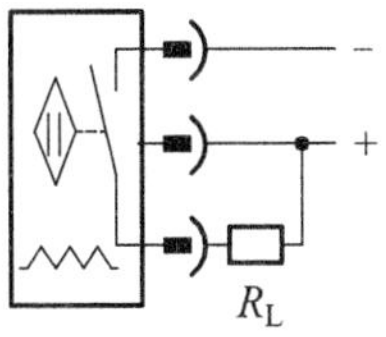

（b）电感式接近开关

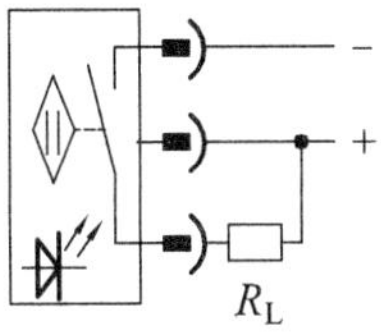

（c）光电式接近开关

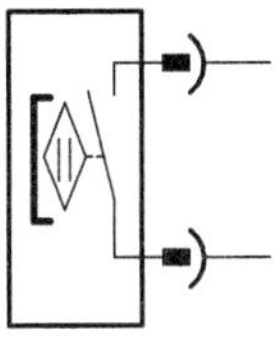

（d）磁性开关

图 1-17　常用开关量传感器图形符号

5. 接近开关、磁性开关、光电开关的区别及特点

通俗来讲，接近开关、磁性开关、光电开关的区别就是感应的对象不一样。

1）接近开关感应的对象是物体

接近开关是一种无须与运动部件进行机械直接接触就可以操作的位置开关，当物体接近开关的感应面到达动作距离时，不需要机械接触及施加任何压力即可使开关动作，从而驱动直流电器或给 PLC 装置提供控制指令。这是一种理想的电子开关量传感器。

以位移传感器为例，只有当有物体移向接近开关且接近到一定距离时，位移传感器才有“感知”，开关才会动作。通常把这个距离叫“检出距离”。不同的接近开关检出距离不同。有时被检测验物体是按一定的时间间隔，一个接一个地移向接近开关，又一个接一个地离开，如此不断地重复。不同的接近开关对检测对象的响应能力也是不同的。这种响应特性被称为“响应频率”。

接近开关抗干扰性能好，开关频率高，产品有电感式、电容式、霍尔式等。

2）磁性开关感应的对象是磁信号

磁性开关是一种利用磁场信号来控制的线路开关器件，也叫磁控开关。常用的磁性开关有单触点和双触点两种。

磁性开关具有体积小、结构简单、质量轻、耗电少、使用方便、价格便宜、动作灵敏、抗腐蚀性好、寿命长等优点。如 PP、PVDF 材质可适用于强酸碱场所；SUS 304/316 金属材质适用于高温高压桶槽。接线盒规格最齐全，有塑料、铝合金、不锈钢防爆型，防护等级为 IP-65 以上。

3）光电开关感应的对象是光束

光电开关（光电传感器）是光电接近开关的简称，它是利用被检测物对光束的遮挡或反射，由同步回路接通电路，从而检测物体的有无。物体不限于金属，所有能反射光线（或者对光线有遮挡作用）的物体均可以被检测。光电开关将输入电流在发射器上转换为光信号射出，接收器再根据接收到的光线的强弱或有无对目标物体进行探测，如安防系统中常见的光电开关烟雾报警器。工业中经常用它来计量机械臂的运动次数。

光电开关是传感器的一种，它把发射端和接收端之间光的强弱变化转化为电流的变化以达到探测的目的。由于光电开关输出回路和输入回路是电隔离的（即电绝缘），所以它可以在许多场合得到应用。采用集成电路技术和 SMT（表面安装工艺）制造的新一代光电开关器件具有延时、展宽、外同步、抗相互干扰、可靠性高、工作区域稳定和自诊断等智能化功能。

光电开关按检测方式可分为漫射式、对射式、反射式、槽式和光纤式等不同种类。

1.2.2 供料单元的气动元件

1. 标准双作用直线气缸

标准气缸是指气缸的功能和规格是普遍使用的、结构容易制造的、制造厂通常作为通用产品供应市场的气缸。双作用气缸是指活塞的往复运动均由压缩空气来推动。图 1-18 是标准双作用直线气缸的工作示意图。图中，气缸的两个端盖上都设有进、排气通口，从无杆侧端盖气口进气时，推动活塞向左运动；反之，从有杆侧端盖气口进气时，推动活塞向右运动。

双作用气缸具有结构简单，输出力稳定，行程可根据需要选择的优点，但由于是利用压缩空气交替作用于活塞上实现活塞杆伸缩运动的，回缩时压缩空气的有效作用面积较小，所以产生的力要小于活塞杆伸出时产生的推力。

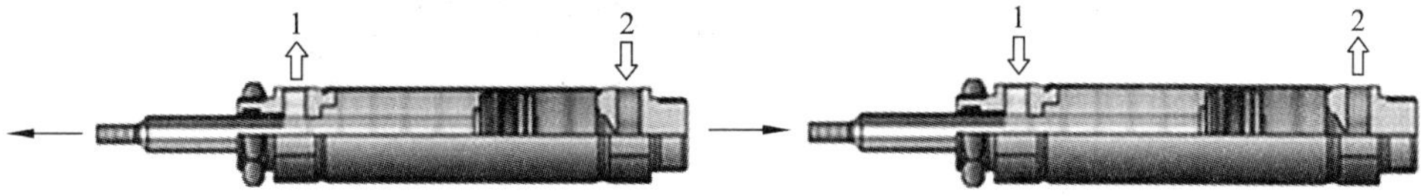

（a）气缸伸出　　（b）气缸缩回

图 1-18　双作用气缸工作示意图

为了使气缸的动作平稳可靠，应对气缸的运动速度加以控制，常用的方法是使用单向节流阀来实现。单向节流阀是由单向阀和节流阀并联而成的流量控制阀，常用于控制气缸的运动速度，所以也被称为速度控制阀。

图 1-19 给出了在双作用气缸装上两个单向节流阀的连接示意图，这种连接方式称为排气节流方式。即当从 A 端进气，B 端排气时，单向节流阀 A 的单向阀开启，向气缸无杆腔快速充气；由于单向节流阀 B 的单向阀关闭，有杆腔只能经节流阀排气，调节节流阀 B 的开度，便可改变活塞杆伸出时的运动速度。反之，调节节流阀 A 的开度则可改变活塞杆缩回时的运动速度。这种控制方式的活塞运行稳定，是最常用的方式。

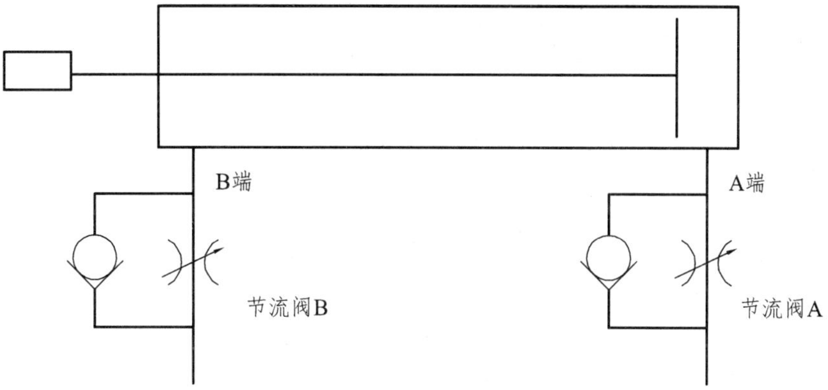

图 1-19　节流阀连接和调整原理示意图

节流阀上有快速接头，合适外径的气管很容易连接到快速接头上，十分方便。图 1-20 是安装了带快速接头的限出型气缸节流阀的气缸外观。

2. 单电控电磁换向阀、电磁阀组

如前所述，对于顶料或推料气缸，其活塞的运动是靠向气缸一端进气，并从另一端排气，来实现的。气体流动方向则由能改变气体流动方向或通断的控制阀（即方向控制阀）加以控制。在自动控制中，方向控制阀常采用电磁控制方式实现方向控制，称为电磁换向阀。电磁换向阀是利用其电磁线圈通电时，静铁心对动铁心产生的电磁吸力使阀芯切换，达到改变气流方向的目的。图 1-21 所示是一个单电控二位三通电磁换向阀的工作原理示意。

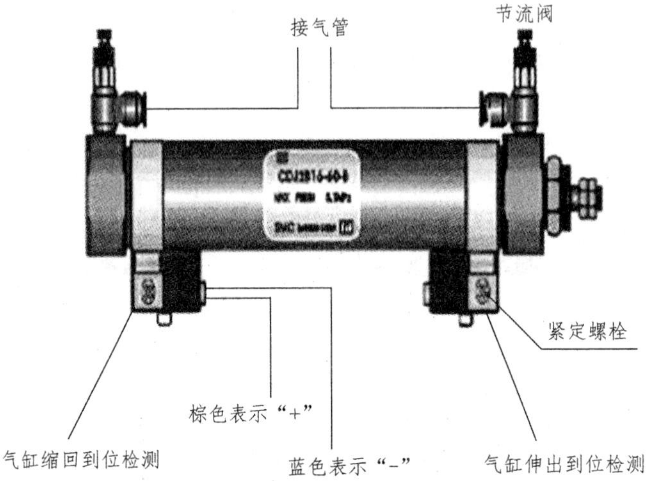

图 1-20　安装节流阀的气缸

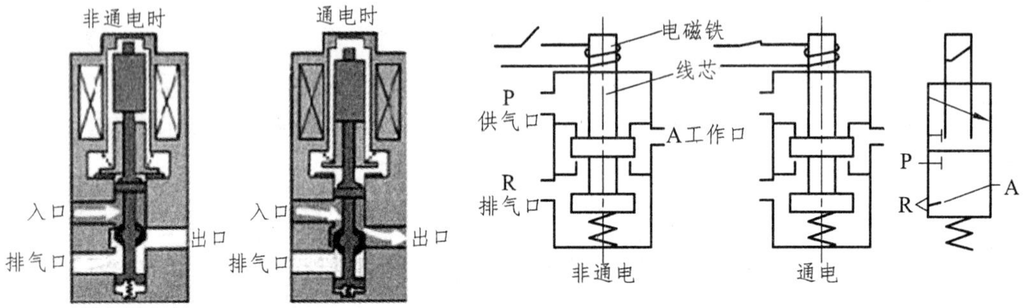

图 1-21　单电控电磁换向阀的工作原理

所谓“位”指的是为了改变气体方向，阀芯相对于阀体所具有的不同的工作位置。“通”的含义则指换向阀与系统相连的通口，有几个通口即为几通。图 1-21 中的电磁阀，只有两个工作位置，具有供气口 P、工作口 A 和排气口 R，故为二位三通阀。图 1-22 分别给出二位三通、二位四通和二位五通单控电磁换向阀的图形符号，图形中有几个方格就是几位，方格中的“┬”和“┴”符号表示各接口互不相通。

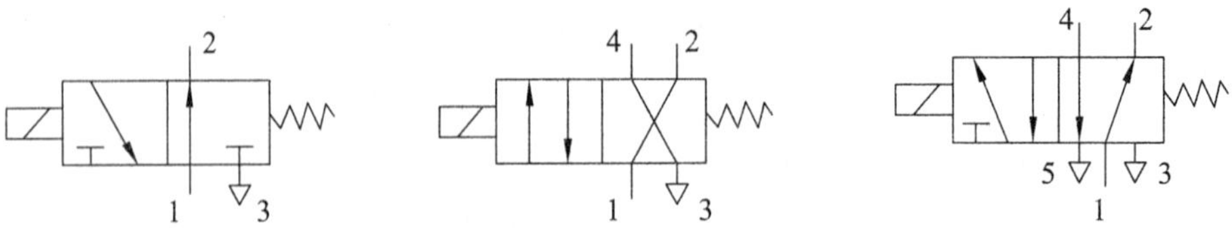

（a）两位三通阀　（b）两位四通阀　（c）两位五通阀

图 1-22　部分单电控电磁换向阀的图形符号

YL-335B 型自动线所有工作单元的执行气缸都是双作用气缸，因此，控制它们工作的电磁阀需要有两个工作口、两个排气口以及一个供气口，故使用的电磁阀均为二位五通电磁阀。供料单元用了两个二位五通的单电控电磁阀。这两个电磁阀带有手动换向和加锁钮，有锁定（LOCK）和开启（PUSH）两个位置。用小螺丝刀把加锁钮旋到在“LOCK”位置时，手控开关向下凹进去，不能进行手控操作；只有在“PUSH”位置，才可用工具向下按，信号为“1”，等同于该侧的电磁信号为“1”。常态时，手控开关的信号为“0”。在进行设备调试时，可以使用手控开关对阀进行控制，从而实现对相应气路的切换，以改变推料缸等执行机构的动作，达到调试的目的。

两个电磁阀集中安装在汇流板上。汇流板中两个排气口末端均安装了消声器，消声器的作用是减少压缩空气向大气排放时的噪声。这种将多个阀与消声器、汇流板等集中在一起构成的一组控制阀的集成称为阀组，而每个阀的功能是彼此独立的。阀组的结构如图 1-23 所示。

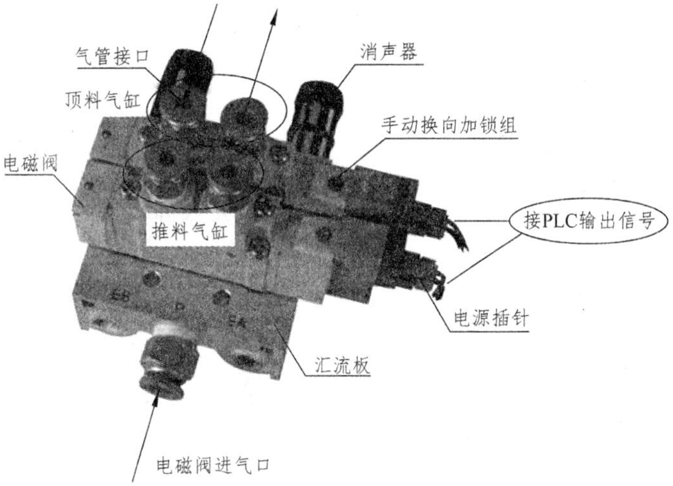

图 1-23　电磁阀组

3. 气动控制回路

气动控制回路是本工作单元的执行机构，该执行机构的逻辑控制功能是由 PLC 实现的。气动控制回路的工作原理如图 1-24 所示。图中，1A 和 2A 分别为推料气缸和顶料气缸；1B1 和 1B2 为安装在推料气缸的两个极限工作位置的磁感应接近开关；2B1 和 2B2 为安装在顶料气缸的两个极限工作位置的磁感应接近开关；1Y1 和 2Y1 分别为控制推料气缸和顶料气缸的电磁阀的电磁控制端，通常，这两个气缸的初始位置均设定在缩回状态。

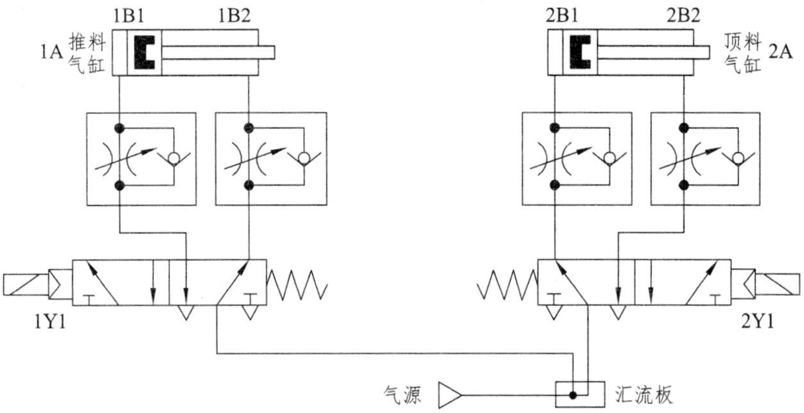

图 1-24　供料单元气动控制回路工作原理

1.3 供料单元的装配与调试

1.3.1 项目目标

（1）将供料单元拆开成组件和零件的形式，学会正确使用拆装工具。

（2）将供料单元组件和零件组装成成品，掌握该单元的正确安装步骤。

（3）学会机械部分的装配，气路的连接与调整及电气接线。

1.3.2 供料单元装置侧的拆卸

（1）松开底板紧固螺钉，拆下总进气管，将供料单元搬离设备到拆装工作台。

（2）拆卸气路、电磁阀组。

（3）依次拆卸接线端子及端子上的导线、端子卡座、线槽、底座等。

（4）将供料单元机械部分拆成组件。

（5）将各组件拆成散件，并将拆卸下的零配件摆放整齐。

1.3.3 安装步骤和方法

1. 机械部分安装

机械部分的安装是供料单元安装的基础，在安装过程中应按照“零件→组件→安装”的顺序进行安装。用螺栓把装配好的组件连接为整体，再用橡皮锤把装料管敲入料仓底座中，然后在相应的位置上安装传感器，最后把电磁阀组件和电气接线端子排组件安装在底板上。具体步骤如下：

（1）把供料站各零件组合成整体安装时的组件。

（2）对组件进行安装。组合成的组件包括铝合金型材支撑架组件、出料台及料仓底座组件、推料机构组件，如图 1-25 所示。

（3）各组件装配牢固后，将各传感器安装到位，不需要安紧，以便下一步调试。

（4）用螺栓把它们连接为整体，再用橡皮锤把装料管敲入料仓底座。

（5）将连接好的供料站机械部分以及电磁阀组、接线端子排固定在底板上。

（6）完成装置侧机械部分和各传感器安装后，固定底板完成供料单元装置侧的安装。

机械部分的安装需注意以下几点：

（1）装配铝合金型材支撑架时，注意调整好各边的平行度和垂直度，锁紧螺栓。

（2）气缸安装板和铝合金型材支撑架的连接，需要预先在特定位置的铝型材 T 形槽中放置与之相匹配的螺母。如果没有放置螺母或没有放置足够多的螺母，可能导致无法安装或安装不可靠。

（3）在底板上固定机械结构时，需要将底板移动到操作台的边缘，将螺栓从底板的反面拧入，使底板和机械机构部分的支撑型材连接起来。

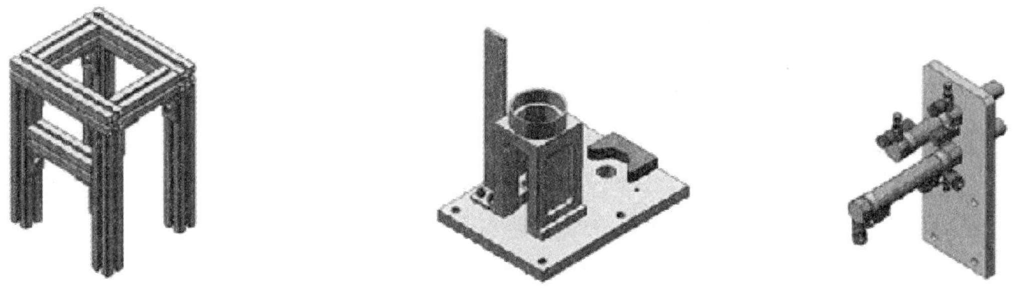

（a）铝合金型材支撑架　（b）料仓底座及出料台　（c）推料机构

图 1-25　供料单元组件

2. 气动元件（气路）连接的具体步骤

（1）单向节流阀应分别安装在气缸的工作口上，并缠绕好密封带，以免运行时漏气。

（2）单电控二位五通换向阀的进气口和工作口应安装好快速接头，并缠绕好密封带，以免运行时漏气。

（3）气动汇流排的排气口应安装好消声器，并缠绕好密封带，以免运行时漏气。

（4）气动元件对应气口之间用塑料气管进行连接，做到安装美观，气管不交叉并保持气路畅通。

气路系统安装时应注意以下几点。

（1）1 个电磁阀工作口连接的 2 根气管应与 1 个气缸工作口实施对应连接。

（2）气管插入快速接头时，应确保其不能被随意拉出，且保证气管连接处无漏气。

（3）从快速接头拔出气管时，要先用左手按下快速接头上的伸缩件，右手轻轻拉出气管。

（4）连接气管时，进、出气管最好使用不同颜色的，以便识别。

（5）气管的连接要做到走线整齐、美观，不能交叉、打折，扎带绑扎距离保持在 4 ~ 5 cm 为宜。

3. 气路调试方法

（1）通过手动控制单电控换向阀上的换向加锁钮验证顶料气缸和推料气缸的初始位置和动作位置是否正确。气缸运行过程中检查各气管的连接处是否漏气，是否存在气管不畅通现象。

（2）调整气缸节流阀以控制活塞杆的往复运动速度，伸出速度以不推倒工件为准。

4. 传感器的安装步骤

（1）磁性开关的安装。安装在气缸外侧极限位置上的磁性开关可在气缸活塞移动时检测出位置（磁性开关受磁场的影响而输出触点闭合信号）。磁性开关安装时，先将其套接在气缸上并定位在极限位置，然后再旋紧紧固螺钉。

（2）光电式接近开关的安装。供料单元中光电式接近开关主要用于物料台物料检测、物料不足及有无检测。安装时应注意其机械位置，特别是物料台物料检测传感器安装时，应注意与工件中心通孔的位置错开，避免因光的穿透无反射信号而导致信号错误。

（3）电感式接近开关的安装。供料单元中电感式接近开关，安装在料仓底座的侧面，用于检测金属工件，安装时应注意传感器与工件的位置。

传感器安装时应注意以下几点。

（1）磁性开关安装时应注意位置和紧固可靠。

（2）磁性开关必须与气缸配合使用。

（3）光电式接近开关安装时应注意安装位置的调整，接线的颜色，灵敏度调整要适度。

（4）电感式接近开关安装时要注意安装距离和接线的颜色。

5. 装置侧电气接线及工艺要求

电气接线包括：在供料单元装置侧完成各传感器、电磁阀等引线到装置侧接线端口之间的接线，该单元装置侧的接线端口的接线端子采用三层端子结构，详见图 1-26。接线时应注意：装置侧接线端口中，输入信号端子的上层端子（+24 V）只能作为传感器的正电源端，切勿接入电磁阀等执行元件。电磁阀等执行元件的正电源端和 0 V 端应连接到输出信号端子下层的相应端子上。装置侧接线完成后，应用扎带绑扎，力求整齐美观。PLC 侧的接线包括电源接线、PLC 的 I/O 点和 PLC 侧接线端口之间的连线、PLC 的 I/O 点与按钮指示灯模块的端子之间的连线。具体接线要求与工作任务有关。电气接线的工艺应符合国家职业标准的规定。例如，导线连接到端子时，采用压紧端子压接方法，连接线须有符合规定的标号，每一端子连接的导线不超过 2 根，等等。

图 1-26　装置侧接线端口

（1）磁性开关的接线。磁性开关为两线式传感器，连线时 4 个磁性开关（1B1、1B2、2B1、2B2）的棕色线分别与供料单元装置侧输入端口中间层 2、3、4、5 号端子（见表 1-1）连接，蓝色线分别与该端口下层相应端子相连。

（2）光电式接近开关的接线。光电式接近开关为三线式传感器，连线时 3 个光电传感器（SC1、SC2、SC3）的黑色线分别与供料单元装置侧输入端口中间层 6、7、8 号端子（见表 1-1）连接，褐色线分别与该端口上层相应端子连接，蓝色线分别与该端口下层相应端子连接。

（3）电感式接近开关的接线。电感式接近开关也是三线式传感器，连线时 SC4 的黑色线与供料单元装置侧输入端口中间层 9 号端子（见表 1-1）连接，棕色线与该端口上层相应端子连接，蓝色线与该端口下层相应端子连接。

（4）电磁阀的接线。电磁阀对外引出两根线，连线时 2 个电磁阀（1YV、2YV）的蓝色线分别与供料单元装置侧输出端口中间层 2、3 号端子（见表 1-1）连接，红色线分别与该端口上层相应端子连接。

供料单元装置侧的接线端口上各电磁阀和传感器的引线安排如表 1-1 所示。

表 1-1 供料单元装置侧的接线端口信号端子的分配

输入端口中间层			输出端口中间层		
端子号	设备符号	信号线	端子号	设备符号	信号线
2	1B1	顶料到位	2	1YV	顶料电磁阀
3	1B2	顶料复位	3	2YV	推料电磁阀
4	2B1	推料到位			
5	2B2	推料复位			
6	SC1	出料台物料检测			
7	SC2	物料不足检测			
8	SC3	物料有无检测			
9	SC4	金属材料检测			
10#~17#端子没有连接			4#~14#端子没有连接		

电气接线时应注意以下几点。

（1）电气接线一定要严格按照电气图连接。

（2）装置侧接线端口中，输入信号端子的上层端子（+24 V）只能作为传感器的正电源端。电磁阀等执行元件的正电源端应连接到输出信号端子上层端子（+24 V）的相应端子上。

（3）接线端子上的螺钉旋紧时用力要适度，以免卡住。

（4）电气接线的工艺应符合国家职业标准的规定，如导线连接到端子时，采用压紧端子压接方法；连接线须有符合规定的标号；每一端子连接的导线不超过 2 根等。

（5）装置侧接线完成后，应用扎带绑扎，力求整齐美观。

6. 检查调试

（1）调整气动部分，检查气路是否正确、气压是否合理、气缸的动作速度是否合理。

（2）检查各传感器安装是否合理、灵敏度是否合适，确保检测的可靠性。

1.4 供料单元的编程与调试

1.4.1 工作任务

本任务只考虑供料单元作为独立设备运行时的情况，供料单元工作的主令信号和工作状态显示信号来自 PLC 设备旁的按钮/指示灯模块。

1. 控制要求

（1）设备上电和气源接通后，若工作单元的两个气缸均处于缩回位置，且料仓内有足够的待加工工件，则“正常工作”指示灯 HL1 常亮，表示设备准备好。否则，该指示灯以 1 Hz

的频率闪烁。

（2）若设备准备好，按下启动按钮，工作单元启动，“设备运行”指示灯 HL2 常亮。启动后，若出料台上没有工件，则应把工件推到出料台上。出料台上的工件被人工取出后，若没有停止信号，则进行下一次推出工件操作。

（3）若在运行中按下停止按钮，则在完成本工作周期任务后，各工作单元停止工作，HL2 指示灯熄灭。

（4）若在运行中料仓内工件不足，则工作单元继续工作，但“正常工作”指示灯 HL1 以 1 Hz 的频率闪烁，“设备运行”指示灯 HL2 保持常亮。若料仓内没有工件，则 HL1 指示灯和 HL2 指示灯均以 2 Hz 的频率闪烁。工作站在完成本周期任务后停止。除非向料仓补充足够的工件，工作站不能再启动。

2. 要求完成的任务

（1）分配 I/O 地址和接线图。
（2）进行系统安装和接线。
（3）按照控制要求编写 PLC 程序。
（4）程序调试与运行。

3. PLC 的 I/O 分配表及接线图

（1）供料单元 PLC 的 I/O 分配如表 1-2 所示。

表 1-2 供料单元 PLC 的 I/O 分配表

	输入点		输出点	
1	X0	编码器 A	Y0	推料气缸
2	X1	推料传感器	Y1	顶料气缸
3	X2	顶料传感器	Y2	金属推料气缸
4	X3	推料缩回	Y3	色标推料气缸
5	X4	推料伸出	COM2	
6	X5	金属料满	Y4	皮带正转
7	X6	色标料满	Y5	皮带反转
8	X7	金属传感器	Y6	低速
9	X10	色标传感器	Y7	中速
10	X11	金属推料缩回	COM3	
11	X12	色标推料缩回	Y10	高速
12	X13	正反判断传感器	Y11	出料气缸
13	X14	推出传感器	Y12	出料抬起气缸
14	X15	料台传感器	Y13	出料爪气缸

续表

	输入点		输出点	
15	X16	出料缩回	COM4	
16	X17	出料伸出	Y14	旋转气缸
17	X20	出料抬起	Y15	外出料处抬起气缸
18	X21	出料下降	Y16	红灯
19	X22	旋转正限位	Y17	绿灯
20	X23	旋转反限位	COM5	
21	X24	外出料处抬起	Y20	黄灯
22	X25	外出料处下降	Y21	
23	X26		Y22	
24	X27		Y23	

（2）I/O 接线图如图 1-27 所示。

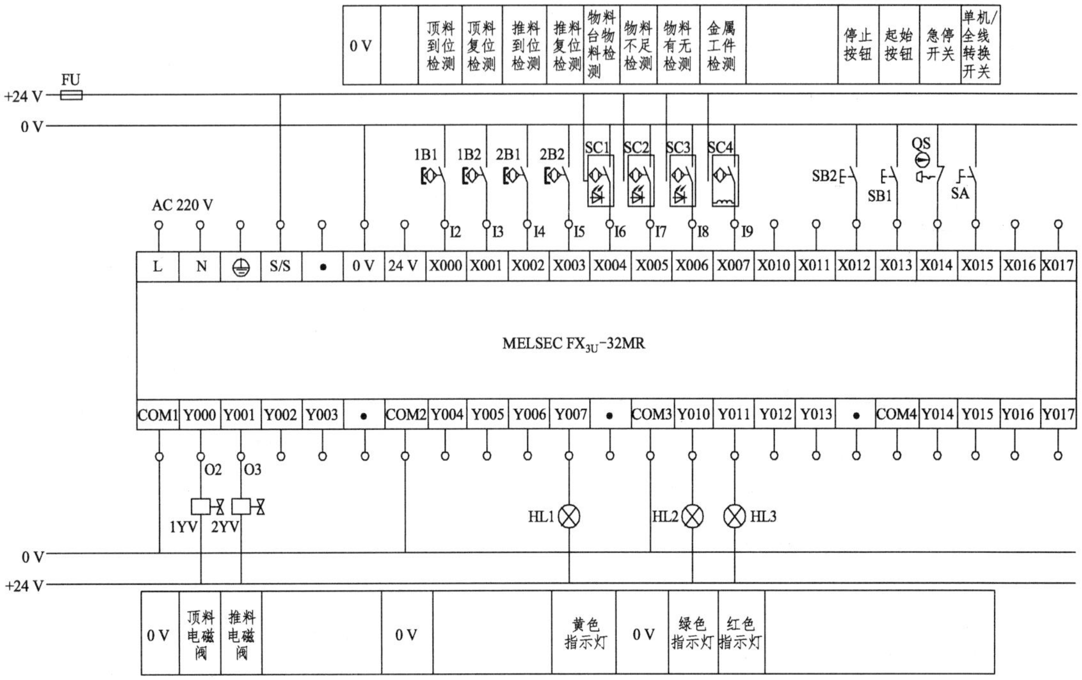

图 1-27　供料单元 PLC 的 I/O 接线图

1.4.2　PLC 的安装与接线

首先将 PLC 安装在导轨上，然后进行 PLC 侧接线。PLC 侧接线包括电源接线、PLC 输入

/输出端子的接线以及按钮指示灯模块的接线 3 个部分。

将 PLC 输入端的 L、N 端与交流电源的相线和中性线连接，S/S、0 V 端与直流电源+24 V 和 0 V 连接。在进行 PLC 输入/输出端子接线时，PLC 侧部分接线端子排为双层两列端子，左边较窄的一列主要接 PLC 的输出端口，右边较宽的一列接 PLC 的输入端口。两列中的下层分别接直流电源+24 V 和 0 V。左列上层接 PLC 的输出信号端子，右列上层接 PLC 的输入信号端子。按钮指示灯模块中的按钮、选择开关、急停开关接线端子分别连接至 PLC 的输入端子，信号指示灯端子接至 PLC 的输出端子。

在进行 PLC 接线时一定要按照表 1-2 和图 1-27 进行。PLC 侧输入、输出端口的上层端子与装置侧输入、输出端口的中间层端子的编号是一一对应的。接线完成后，用多芯信号电缆将供料单元装置侧输入、输出端口与该单元 PLC 侧输入、输出端口互连。

PLC 接线时应注意以下几点。

（1）PLC 接线应使用合适的导线及接线护套。

（2）PLC 的 I/O 接线要与动力线可靠隔离。

（3）PLC 的每个电气连接点上的连线应不超过 2 根。

（4）PLC 的 I/O 点与外部器件连接时要使用接线端子过渡。

（5）PLC 输出点连接感性负载时要配备浪涌保护电路。

供料单元的程序主要由两部分组成：一部分是主程序，另一部分是系统状态显示子程序。主程序是一个周期循环扫描程序，包括初始状态检查、系统启动与停止信号及供料控制。主程序在每一扫描周期都调用系统状态显示子程序，仅当在运行状态已经建立才可能进入供料控制过程。供料单元运行的主要过程是供料控制，它是一个步进顺序控制过程，其顺序功能图如 1-28 所示，参考系统主程序如图 1-29 所示。

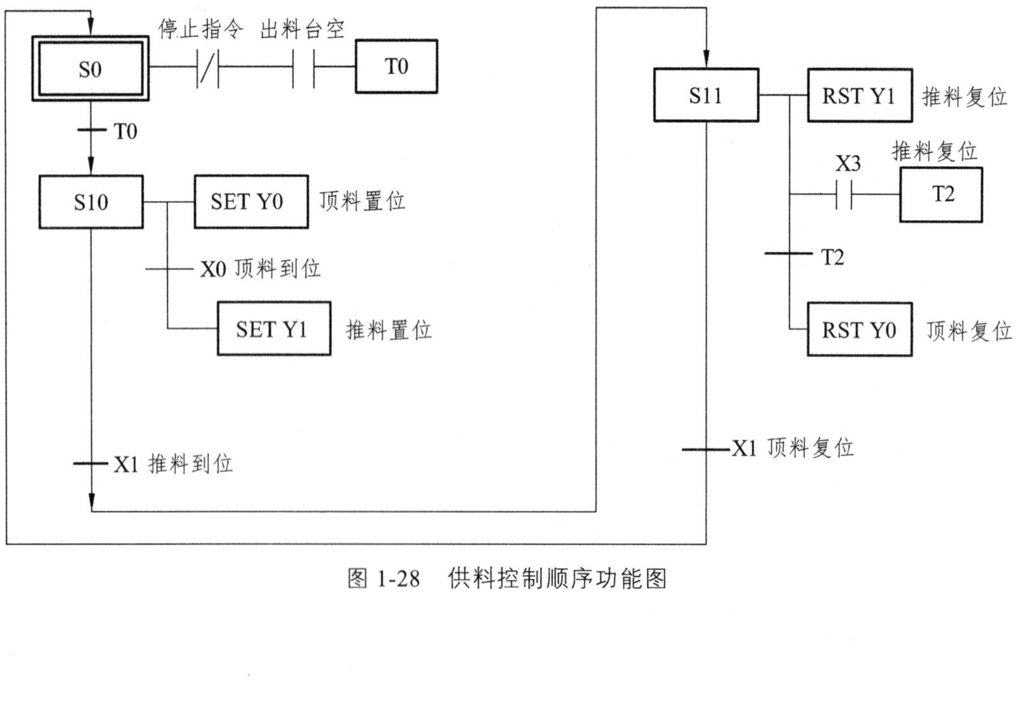

图 1-28　供料控制顺序功能图

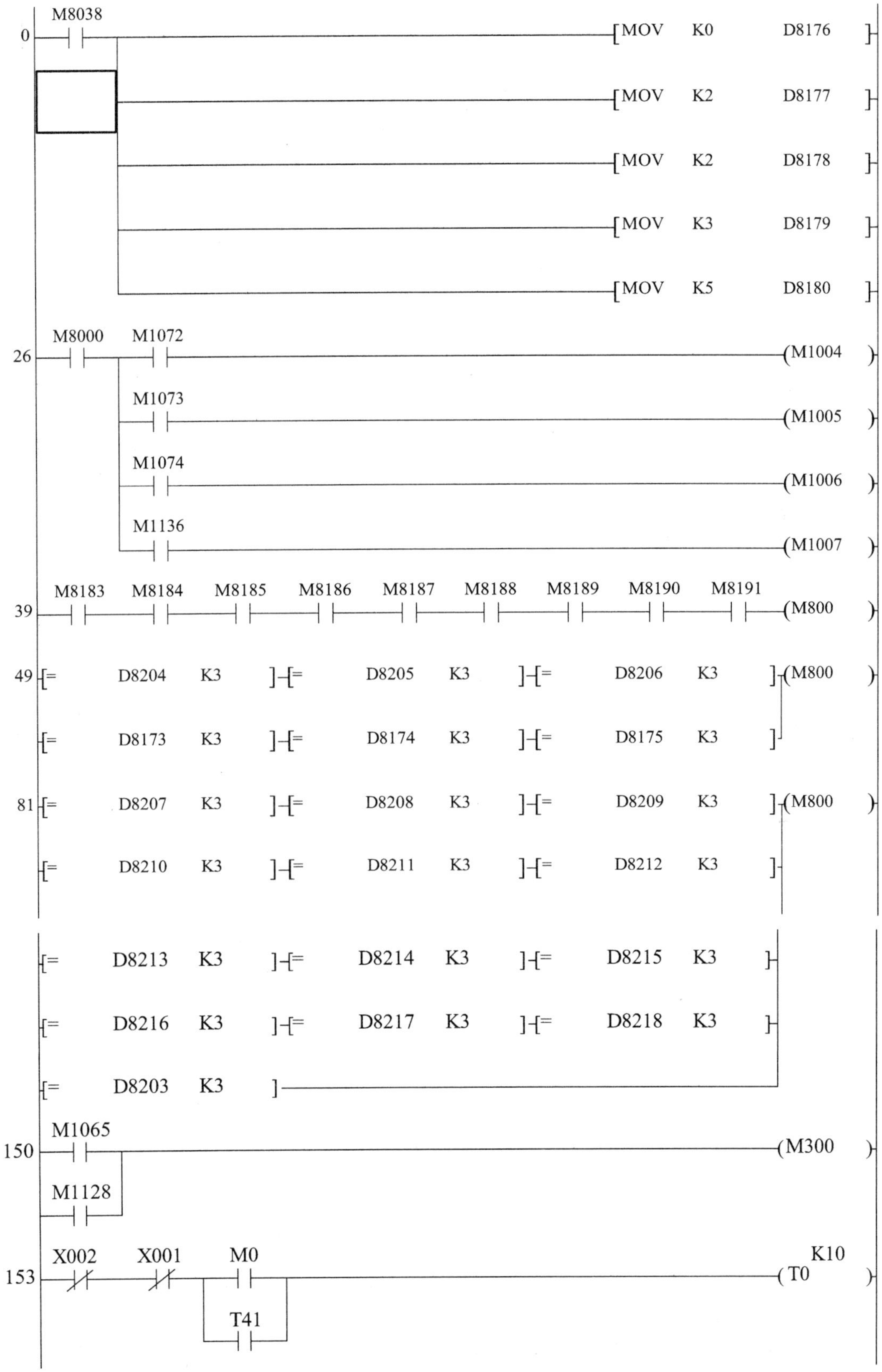
0 M8038
MOV K0 D8176
MOV K2 D8177
MOV K2 D8178
MOV K3 D8179
MOV K5 D8180
26 M8000 M1072 M1004
M1073 M1005
M1074 M1006
M1136 M1007
39 M8183 M8184 M8185 M8186 M8187 M8188 M8189 M8190 M8191 M800
49 = D8204 K3 = D8205 K3 = D8206 K3 M800
= D8173 K3 = D8174 K3 = D8175 K3
81 = D8207 K3 = D8208 K3 = D8209 K3 M800
= D8210 K3 = D8211 K3 = D8212 K3
= D8213 K3 = D8214 K3 = D8215 K3
= D8216 K3 = D8217 K3 = D8218 K3
= D8203 K3
150 M1065 M300
M1128
153 X002 X001 M0 K10 T0
T41

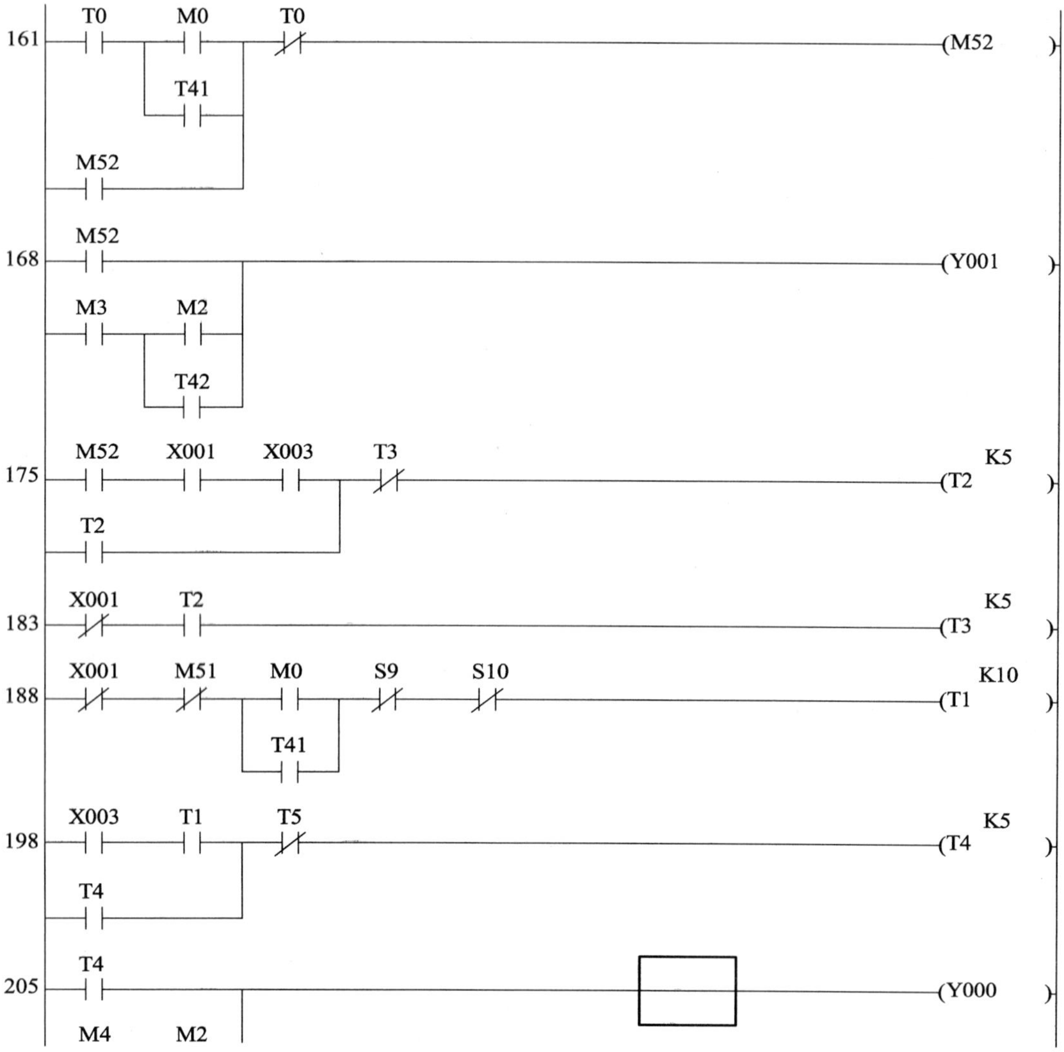
161
T0
M0
T0
M52
T41
M52
168
M52
Y001
M3
M2
T42
175
M52
X001
X003
T3
K5
T2
T2
183
X001
T2
K5
T3
188
X001
M51
M0
S9
S10
K10
T1
T41
198
X003
T1
T5
K5
T4
T4
205
T4
Y000
M4
M2

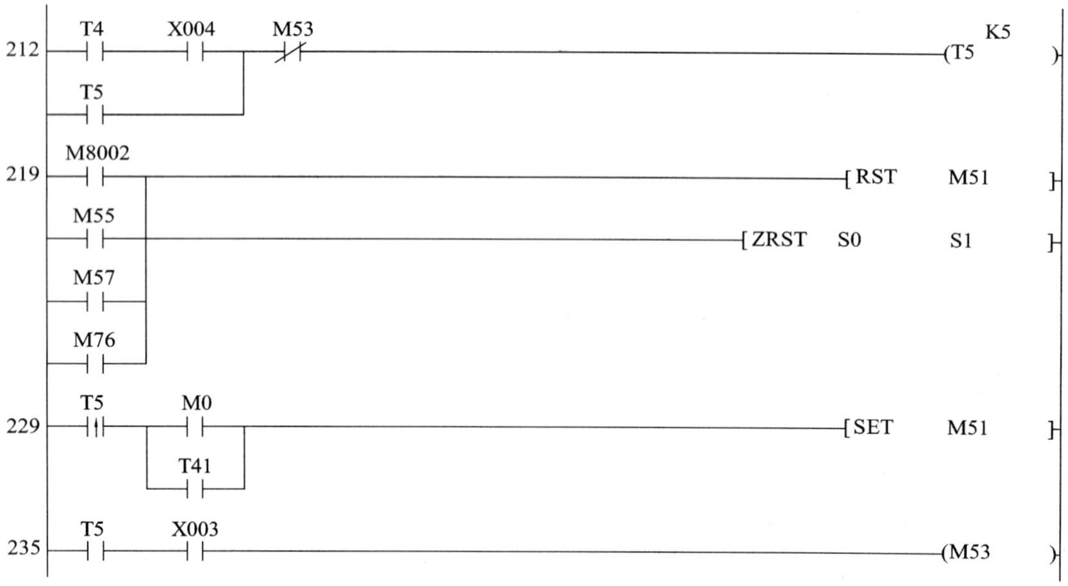
212
T4
X004
M53
K5
T5
T5
219
M8002
RST M51
M55
ZRST S0 S1
M57
M76
229
T5
M0
SET M51
T41
235
T5
X003
M53

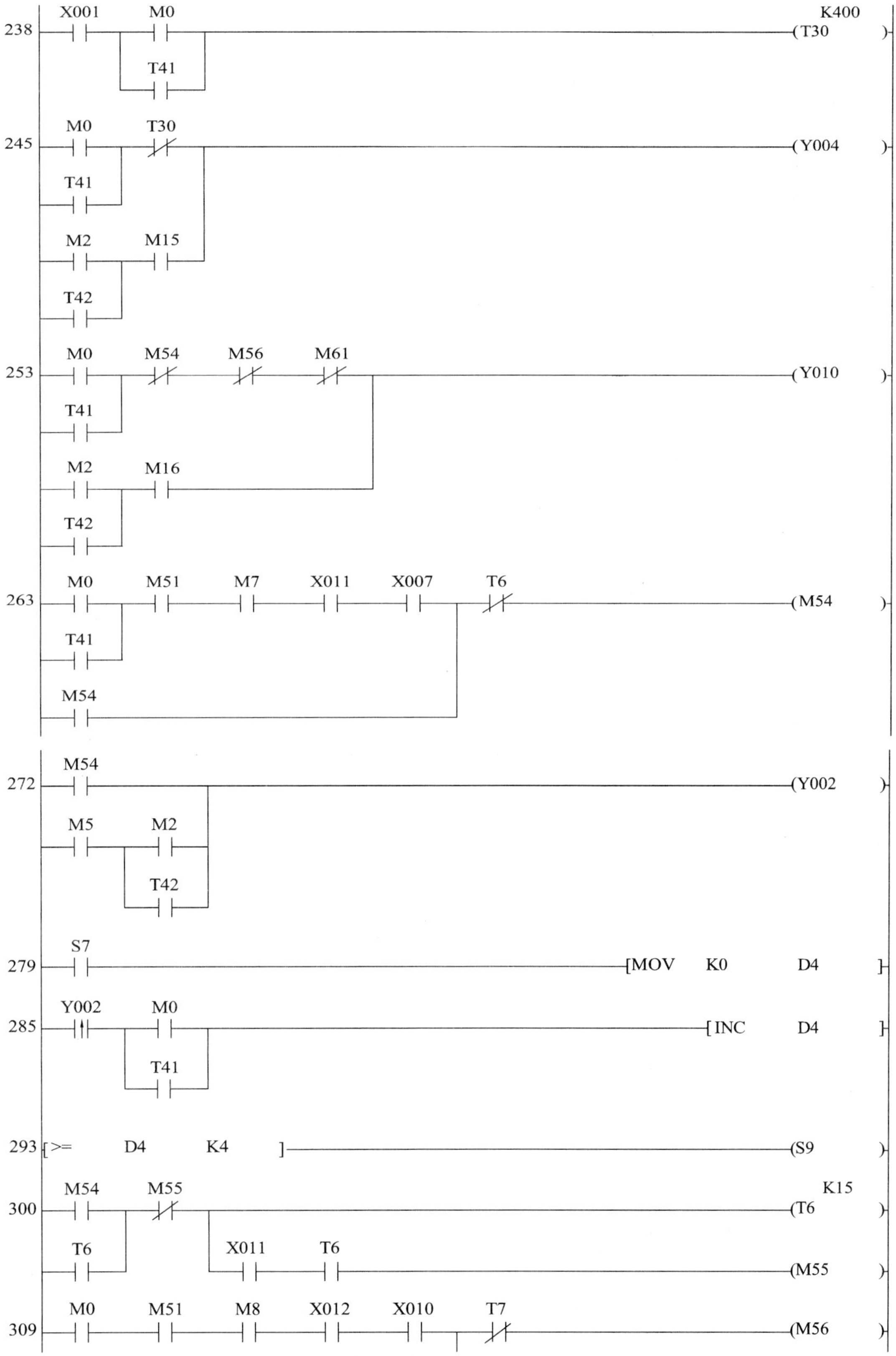
238 X001 M0 T41 K400 T30
245 M0 T30 T41 M2 M15 T42 Y004
253 M0 M54 M56 M61 T41 M2 M16 T42 Y010
263 M0 M51 M7 X011 X007 T6 T41 M54 M54
272 M54 M5 M2 T42 Y002
279 S7 [MOV K0 D4]
285 Y002 M0 T41 [INC D4]
293 [>= D4 K4] S9
300 M54 M55 T6 X011 T6 K15 T6 M55
309 M0 M51 M8 X012 X010 T7 M56

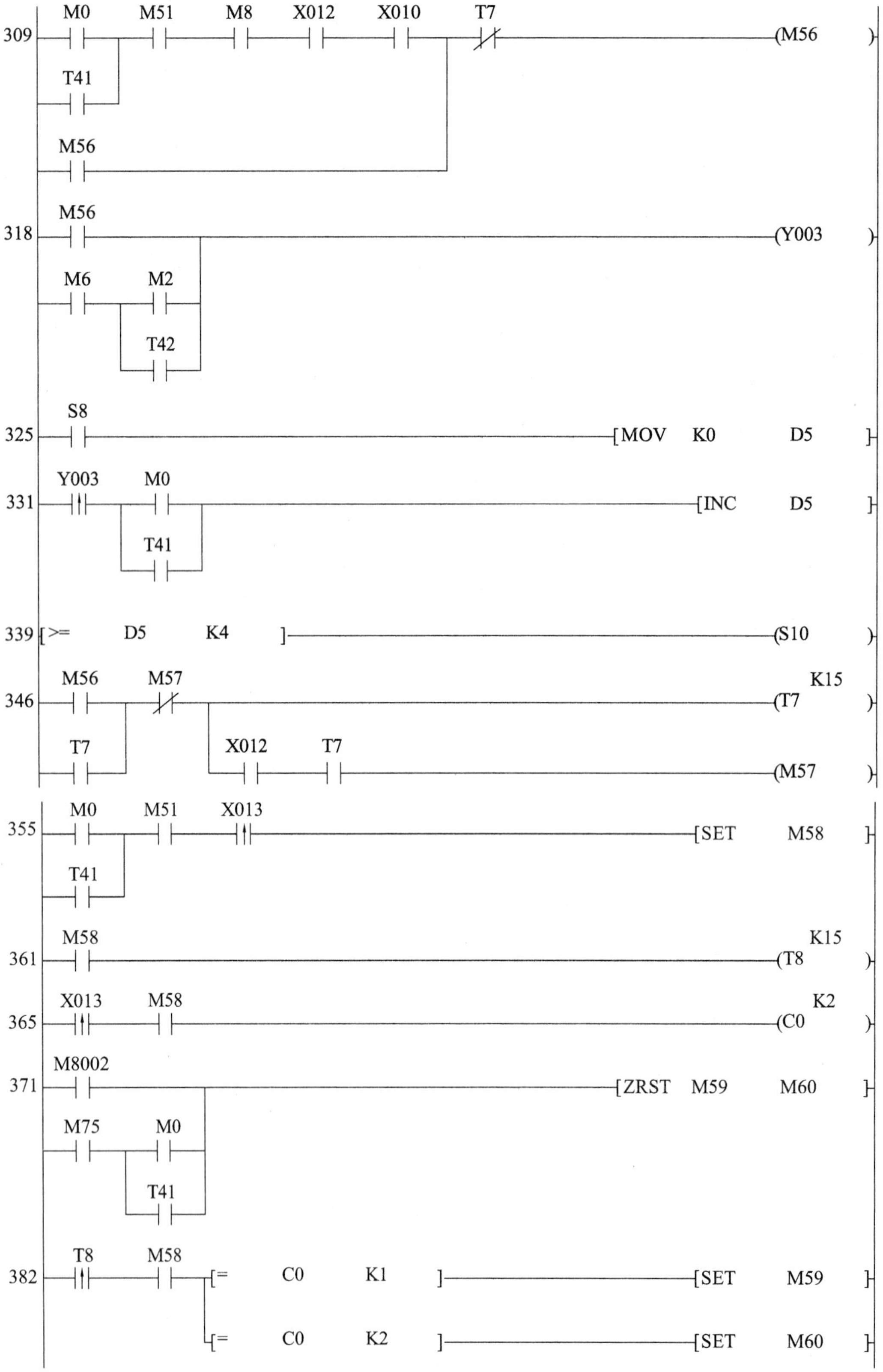

图 1-29 供料单元主程序梯形图程序

1.5　调试与运行

调试与运行的步骤如下。

（1）调整气动部分，检查气路是否正确，气压是否合适，气缸的动作速度是否合理。

（2）检查磁性开关的安装位置是否到位，磁性开关工作是否正常。

（3）检查 I/O 接线是否正确。

（4）检查光电传感器安装是否合理，距离设定是否合适，保证检测的可靠性。

（5）按钮/指示灯的功能测试。

（6）气动元件的功能测试。

（7）运行程序检查动作是否满足任务要求。

1.6　分析与思考

（1）总结检查气动连线、传感器接线、I/O 检测及故障排除方法。试思考如下问题：

① 气缸活塞杆伸出或缩回的速度过于缓慢的原因是什么？

② 如果把光电传感器的动作选择开关切换到“Drag”模式，应如何编制控制程序？

（2）试分析供料单元缺料信号延时发出的原因。

（3）如果按钮/指示灯模块中的一个按钮被用作其他，试编写只用一个按钮实现设备启动和停止的程序。

提示：用一个按钮实现设备启动或停止的程序是一个典型的程序，实现方法有多种，下面举几个例子说明。

① 用“SET”和“RST”指令实现，梯形图程序如图 1-30（a）所示。

② 用自锁回路实现，梯形图程序如图 1-30（b）所示。

③ 用交替输出指令（ALT）实现，梯形图程序如图 1-30（c）所示。

④ 用计数器实现，梯形图程序如图 1-30（d）所示。

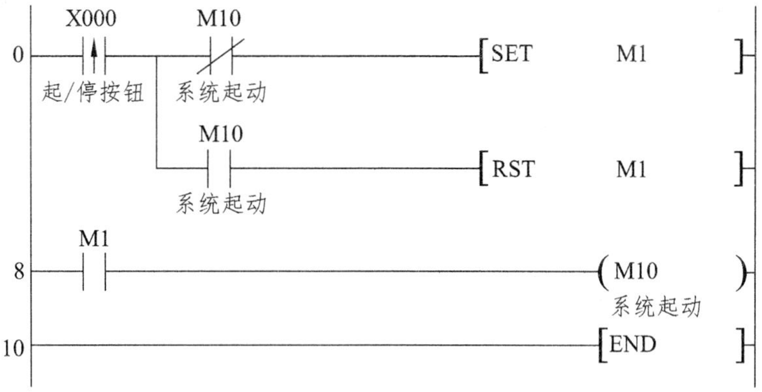

（a）用“SET”和“RST”指令编制的程序

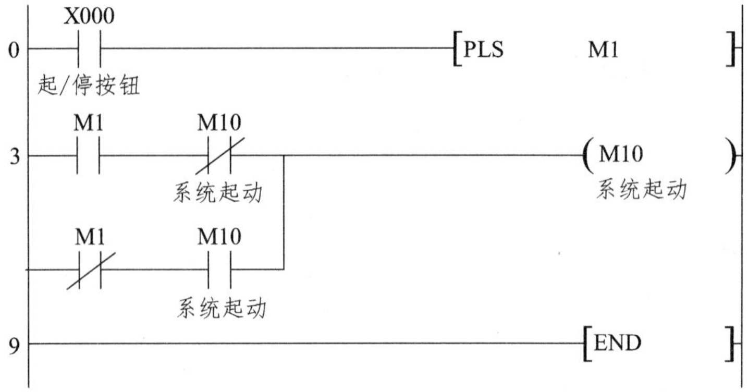

（b）用自锁回路编制的程序

（c）用交替输出指令编制的程序

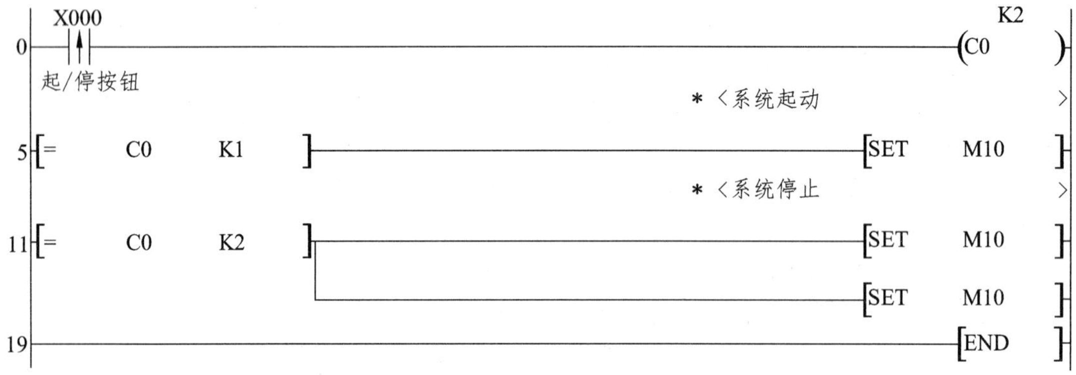

（d）用计数器编制的程序

图 1-30 用一个按钮实现设备启动和停止的程序

模块 2　传输单元的安装与调试

【能力目标】

（1）会分析传输单元的工作过程。

（2）能进行传输单元气路的连接。

（3）会进行传输单元传感器的安装接线，并能正确调试。

（4）能进行程序的离线和在线调试。

（5）会伺服系统的安装及电气接线，并能根据控制要求设置伺服驱动器参数。

（6）能在规定时间内完成传输单元的安装与调整，根据控制要求完成程序的编制与调试，并能解决安装与运行过程中出现的问题。

【知识目标】

（1）熟悉传输单元的结构组成及工作过程。

（2）掌握伺服电动机的特性及伺服驱动器的基本原理。

（3）掌握 FX3U 系列 PLC 定位指令的功能和编程方法。

（4）熟练掌握用步进指令编制伺服电动机运动控制程序。

【教学重点】

气路的调整、传感器的调试、机械手装置运动控制程序的编制。

【教学难点】

归零控制及定位控制的编程，控制程序的编制与调试运行。

2.1 传输单元的结构及工作原理

YL-335B 型自动线传输单元接收来自触摸屏的系统主令信号，读取网络上各从站的状态信息，综合后，向各从站发送控制要求，协调整个系统的工作。传输单元的功能是驱动机械手装置精确定位到指定单元的物料台，在物料台上抓取工件，把抓取到的工件输送到指定位置后放下。

传输单元主要由机械手装置、直线运动传动组件、拖链装置、电磁阀组、伺服电动机及伺服驱动器、传感器、PLC 模块、接线端口、按钮/指示灯模块等组成。其装置侧部分如图 2-1 所示。

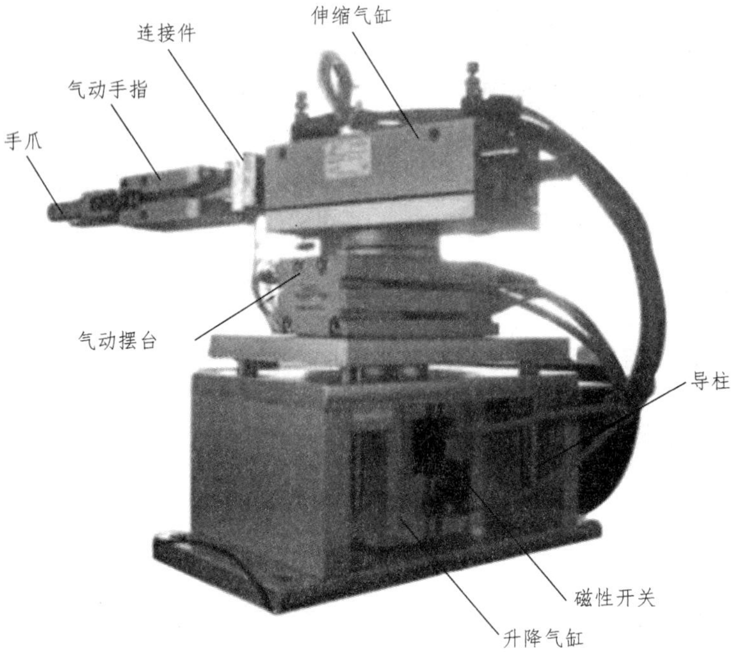

图 2-1 机械手装置

2.1.1 机械手装置

机械手装置是一个能实现三自由度运动（即升降、伸缩、气动手指夹紧/松开和沿垂直轴旋转的四维运动）的工作单元，该装置整体安装在直线运动传动组件的滑动溜板上，在传动组件带动下整体做直线往复运动，定位到其他各工作单元的物料台，然后完成抓取和放下工件的功能。

机械手装置的具体组成如下。

（1）气动手指：用于在各个工作站物料台上抓取/放下工件，由一个双电控二位五通电磁换向阀控制。

（2）伸缩气缸：用于驱动手臂伸出缩回，由一个单电控二位五通电磁换向阀控制。

（3）摆动气缸（气动摆台）：用于驱动手臂正反向 90°旋转，由一个单电控二位五通电磁换向阀控制。

（4）升降气缸：用于驱动整个机械手装置提升与下降，由一个单电控二位五通电磁换向阀控制。

2.1.2　直线运动传动组件

直线运动传动组件用于拖动机械手装置做往复直线运动，完成精确定位。该组件的俯视图如图 2-2 所示。

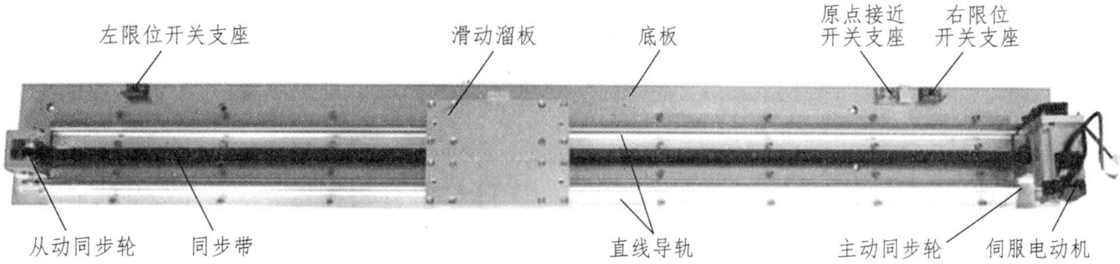

图 2-2　直线运动传动组件

直线运动传动组件和机械手装置安装示意如图 2-3 所示。

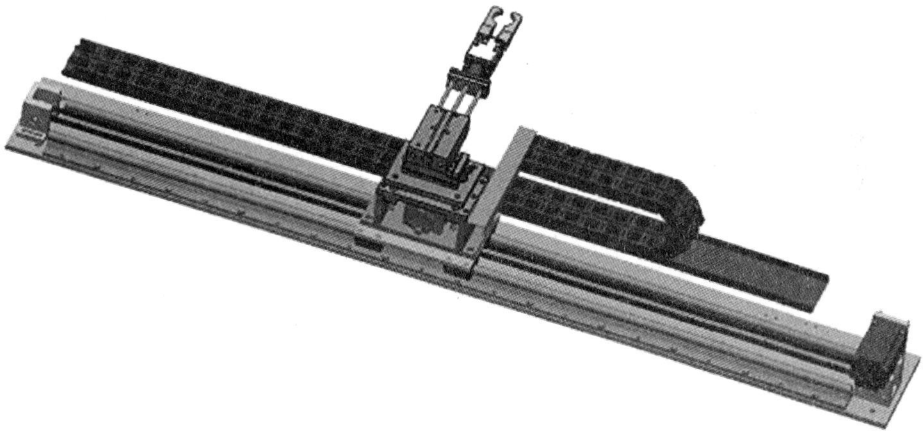

图 2-3　直线运动传动组件和机械手装置安装示意图

直线运动传动组件由直线导轨底板、伺服电动机及伺服驱动器、同步轮、同步带、直线导轨、滑动溜板、拖链带和原点接近开关（也称为原点开关，原点传感器）和左、右限位开关组成。

伺服电动机由伺服驱动器驱动，通过同步齿轮和同步带带动滑动溜板沿直线导轨作往复直线运动，从而带动固定在滑动板上的机械手装置做往复直线运动。同步齿轮距为 5 mm，共 12 个齿，即旋转一周使机械手产生的位移为 60 mm。

机械手装置上所有气管和导线沿拖链带敷设，进入线槽后分别连接到电磁阀组和接线端口上。原点接近开关和左、右限位开关安装在直线导轨底板上，如图 2-4 所示。

图 2-4 原点接近开关和右限位开关

原点接近开关是一个无触点的电感式传感器，用来提供直线运动的起始点信号。左、右限位开关均是有触点的微动开关，用来提供越程故障时的保护信号。当滑动溜板在运动中越过左或右极限位置时，限位开关会动作，从而向系统发出越程故障信号。

2.1.3 气动控制回路原理图

传输单元的气动系统主要由气源、气动汇流排、气缸、单电控和双电控二位五通换向阀、单向节流阀、消声器、快速接头和气管等组成，它们的主要作用是完成机械手的伸缩、夹紧、松开、升降、旋转等操作。传输单元气动控制回路的原理如图 2-5 所示。

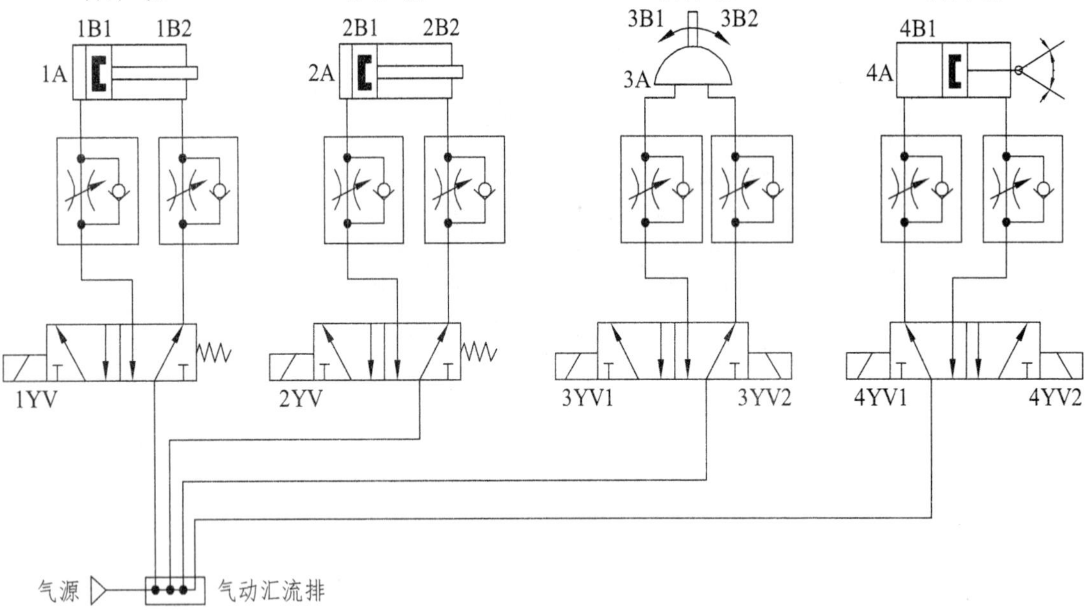

图 2-5 传输单元气动控制回路原理

图中，1A、2A、3A 和 4A 分别为升降气缸、伸缩气缸、摆动气缸和气动手指。1B1、1B2 分别为安装在升降气缸上两个工作位置的磁性开关。2B1、2B2 分别为安装在伸缩气缸上两个工作装置的磁性开关。3B1、3B2 分别为安装在摆动气缸上两个工作位置的磁性开关。4B1 为安装在气动手指上的夹紧位置检测磁性开关。1YV、2YV 分别为控制升降气缸和伸缩气缸的单电控二位五通电磁换向阀。（3YV1、3YV2）和（4YV1、4YV2）分别为控制摆动气缸和气动手指的双电控二位五通电磁换向阀。

二位五通双电控电磁阀如图 2-6 所示。双电控电磁阀与单电控电磁阀的区别在于，对于单电控电磁阀，在无电控信号时，阀芯在弹簧力的作用下会被复位，而对于双电控电磁阀，在两端都无电控信号时，阀芯的位置是取决于前一个电控信号。

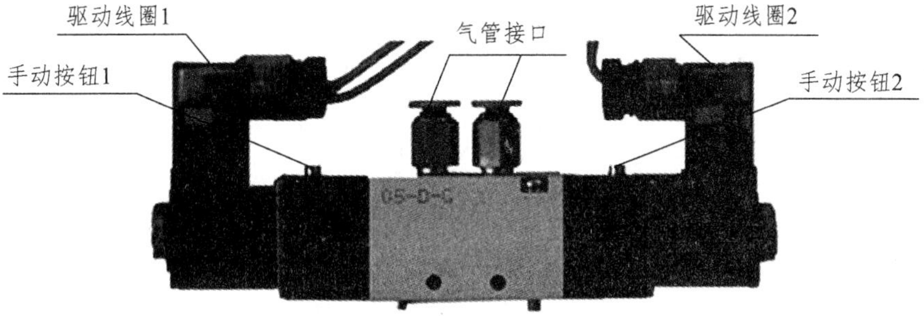

图 2-6　二位五通双电控电磁阀

提示：双电控电磁阀的两个电控信号不能同时为“1”，即在控制过程中不允许两个线圈同时得电；否则，可能造成电磁线圈烧毁。当然，在这种情况下阀芯的位置是不确定的。

2.2　相关知识点

传输单元中，驱动机械手装置沿直线导轨做往复运动的动力源，可以是步进电动机，也可以是伺服电动机，视任务的内容而定。变更任务要求时，由于所选用的步进电动机和伺服电动机，其安装孔大小及孔距相同，更换十分容易。步进电动机和伺服电动机都是机电一体化技术的关键产品，具体说明如下。

2.2.1　步进电动机

步进电动机是将电脉冲信号转换为相应的角位移或直线位移的一种特殊执行电动机。每输入一个电脉冲信号，电动机就转动一个角度，它的运动形式是步进式的，所以称为步进电动机。下面以最简单的三相反应式步进电动机为例，说明步进电动机的工作原理。

图 2-7 是一台三相反应式步进电动机的原理图。定子铁心为凸极式，共有三对（六个）磁极，每两个空间相对的磁极上绕有一相控制绕组。转子用软磁性材料制成，也是凸极结构，只有 4 个齿，齿宽等于定子的极宽。

当 A 相控制绕组通电，其余两相均不通电时，电动机内建立以定子 A 相极为轴线的磁场。由于磁通具有力图走磁阻最小路径的特点，使转子齿 1、3 的轴线与定子 A 相极轴线对齐，如图 2-7（a）所示。若 A 相控制绕组断电、B 相控制绕组通电，转子在反应转矩的作用下，逆时针转过 30°，使转子齿 2、4 的轴线与定子 B 相极轴线对齐，即转子走了一步，如图 2-7（b）所示。若再断开 B 相，使 C 相控制绕组通电，则转子逆时针方向再转过 30°，使转子齿 1、3 的轴线与定子 C 相极轴线对齐，如图 2-7（c）所示。步进电动机按 A→B→C→A 的顺序轮流通电，转子就会一步一步地按逆时针方向转动。

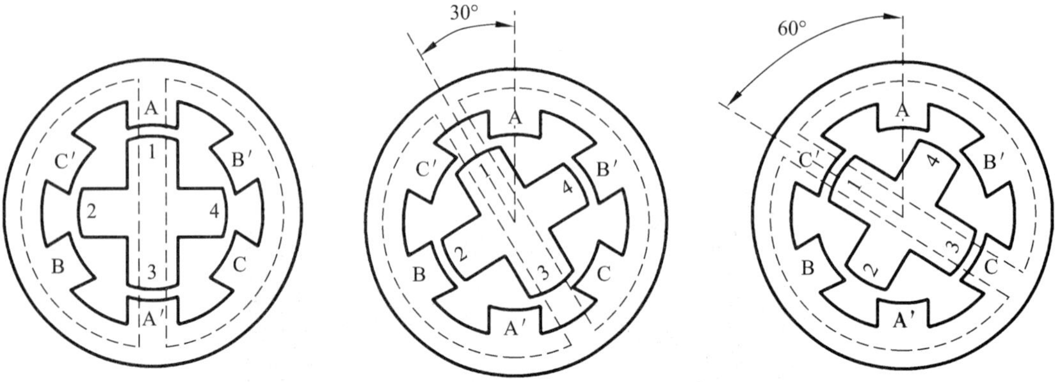

（a）A 相通电　（b）B 相通电　（c）C 相通电

图 2-7　三相反应式步进电动机原理

步进电动机转速取决于各相控制绕组通电与断电的频率，旋转方向取决于控制绕组轮流通电的顺序。若按 A→C→B→A 的顺序通电，则电动机按顺时针方向转动。

上述通电方式称为三相单三拍。“三相”是指三相步进电动机；“单三拍”是指每次只有一相控制绕组通电；控制绕组每改变一次通电状态称为一拍，“三拍”是指改变三次通电状态为一个循环。把每一拍转子转过的角度称为步距角。三相单三拍运行时，步距角为 30°。

如果把控制绕组的通电方式改为 A→AB→B→BC→C→CA→A，即一相通电接着二相通电间隔地轮流进行，完成一个循环需要六次改变通电状态，称为三相单、双六拍通电方式。当 A、B 两相绕组同时通电时，转子齿的位置应同时考虑到两对定子极的作用，只有 A 相极和 B 相极对转子齿所产生的磁拉力相互平衡的中间位置，才是转子的平衡位置。这样，三相单、双六拍通电方式下，转子平衡位置比三相单三拍增加了一倍，步距角为 15°。

进一步减少步距角的措施是采用定子磁极带有小齿，转子齿数很多的结构，分析表明，这样结构的步进电动机，其步距角可以做得很小。一般地说，实际的步进电动机产品，都采用这种方法实现步距角的细分。例如，传输单元所选用的 Kinco 三相步进电动机 3S57Q-04056，它的步距角是在整步方式下为 1.8°，半步方式下为 0.9°。除了步距角外，步进电动机还有保持转矩、阻尼转矩等技术参数，这些参数的物理意义请参阅有关步进电动机的专门资料。3S57Q-04056 型步进电动机的部分技术参数见表 2-1 所示。

表 2-1　3S57Q-04056 型步进电动机的部分技术参数

参数名称	步距角/（°）	相电流/A	保持转矩/（N·m）	阻尼转矩/（N·m）	电动机转动惯量/（kg·cm²）
参数值	1.8	5.8	1.0	0.04	0.3

使用步进电动机一是要注意正确地安装，二是要注意正确地接线。安装步进电动机，必须严格按照产品说明书的要求进行。步进电动机是精密装置，安装时注意不要敲打它的轴端，而且绝不能拆卸电动机。

不同的步进电动机的接线有所不同，3S57Q-04056 型步进电动机的接线如图 2-8 所示，三个相绕组的六根引出线必须按头尾相连的原则连接成三角形。改变绕组的通电顺序就能改变步进电动机的转动方向。

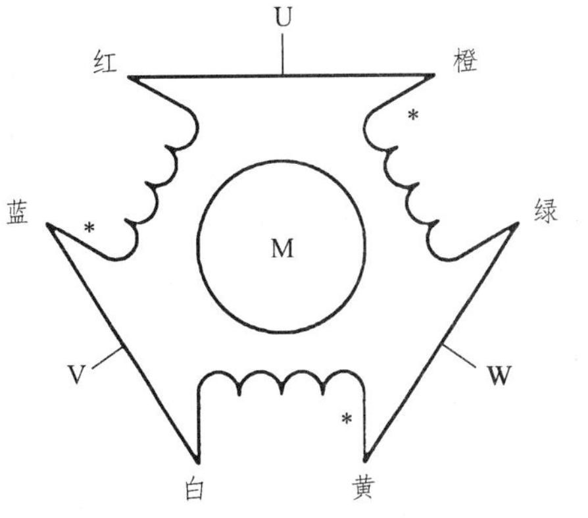

三相电机六引线

线色	电动机信号
红色	U
橙色	
蓝色	V
白色	
黄色	W
绿色	

图 2-8　3S57Q-04056 型步进电动机的接线

2.2.2　步进电动机的驱动装置

步进电动机需要专门的驱动装置（驱动器）供电，驱动器和步进电动机是一个有机的整体，步进电动机的运行性能是电动机及其驱动器二者配合所反映的综合效果。

一般来说，每一台步进电动机都有其对应的驱动器。例如，与 Kinco 三相步进电动机 3S57Q-04056 配套的驱动器是 Kinco 3M458 三相步进电动机驱动器，图 2-9 和图 2-10 分别是它的外观图和典型接线图。图中，驱动器可采用直流 24 ~ 40 V 电源供电。YL-335B 中，电源由传输单元专用的开关稳压电源（DC 24V/8A）供给。输出电流和控制信号规格如下。

（1）输出相电流为 3.0 ~ 5.8A，输出相电流通过拨动开关设定；驱动器采用自然风冷的冷却方式。

（2）控制信号输入电流为 6 ~ 20 mA，控制信号的输入电路采用光耦隔离。传输单元 PLC 输出端使用 DC 24 V 工作电源，所使用的限流电阻 R_1 为 2 kΩ。

图 2-9　Kinco 3M458 型驱动器外观图

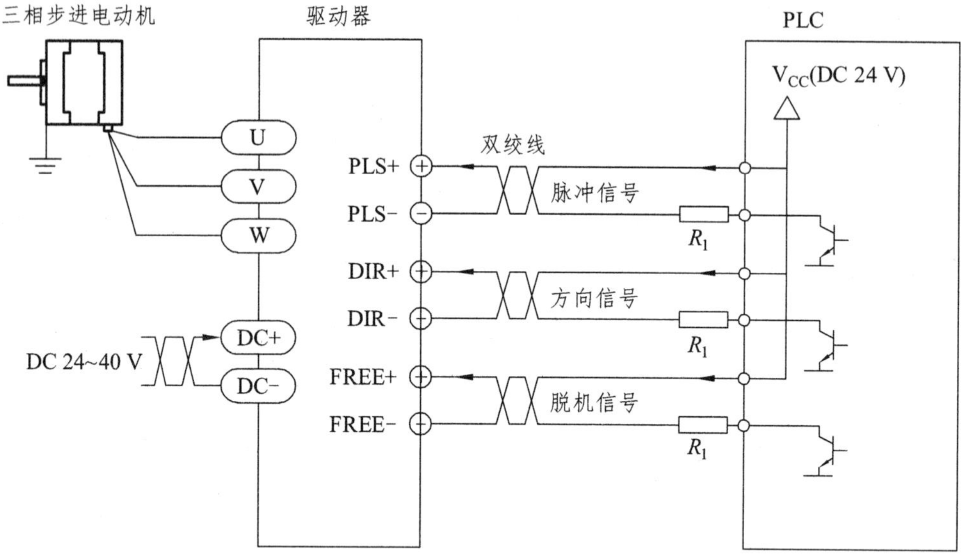

图 2-10 Kinco 3M458 驱动器的典型接线

由图 2-10 可见，步进电动机驱动器的功能是接收来自控制器（PLC）的一定数量和频率的脉冲信号，以及电动机旋转方向的信号，为步进电动机输出三相功率脉冲信号。

步进电动机驱动器的组成包括脉冲分配器和脉冲放大器两部分，主要解决向步进电动机的各相绕组分配输出脉冲和功率放大两个问题。

脉冲分配器是一个数字逻辑单元，它接收来自控制器的脉冲信号和转向信号，把脉冲信号按一定的逻辑关系分配到每一相脉冲放大器上，使步进电动机按选定的运行方式工作。由于步进电动机各相绕组是按一定的通电顺序并不断循环来实现步进功能的，脉冲分配器也称为环形分配器。实现这种分配功能的方法有多种。例如，可以由双稳态触发器和门电路实现，也可由可编程逻辑器件实现。

脉冲放大器的功能是进行脉冲功率放大。因为从脉冲分配器能够输出的电流很小（毫安级），而步进电动机工作时需要的电流较大，所以需要进行功率放大。此外，输出的脉冲波形、幅度、波形前沿陡度等因素对步进电动机运行性能有重要的影响。3M458 驱动器采取以下措施，大大改善了步进电动机运行性能。

（1）内部驱动直流电压达 40 V，能提供更好的高速性能。

（2）具有电动机静态锁紧状态下的自动半流功能，可大大降低电动机的发热量。而且，为使调试方便，驱动器还有一对脱机信号输入线 FREE+和 FREE-（见图 2-10），当这一信号为“ON”时，驱动器将断开输入步进电动机的电源回路。YL-335B 没有使用这一信号，目的是使步进电动机在上电后，即使静止时也保持自动半流的锁紧状态。

（3）3M458 驱动器采用交流伺服驱动原理，把直流电压通过脉宽调制技术变为三路阶梯式正弦波形电流，如图 2-11 所示。

阶梯式正弦波形电流按固定时序分别流过三路绕组，其每个阶梯对应电动机转动一步。通过改变驱动器输出正弦电流的频率来改变电动机转速，而输出的阶梯数确定了每步转过的角度，当角度越小时，其阶梯数越多，细分就越大。从理论上说，此角度可以设得足够小，细分数可以足够大。3M458 型驱动器最高可达 10 000 步/转的驱动细分功能，细分可以通过拨动开关设定。

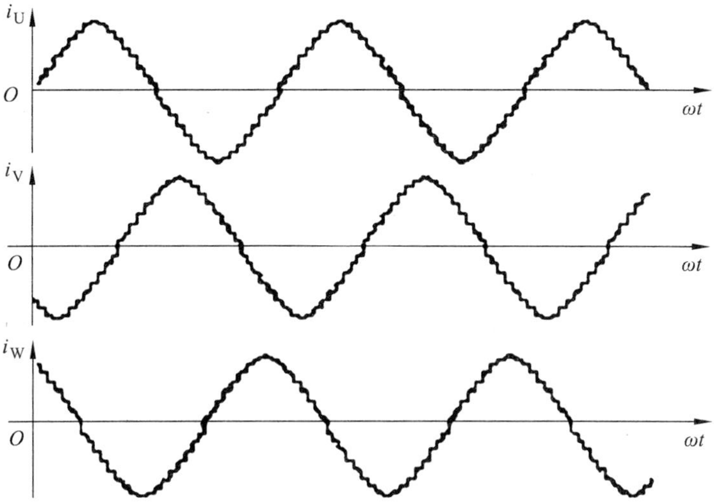

图 2-11　相位差 120°的三相阶梯式正弦电流

细分驱动方式不仅可以减小步进电动机的步距角，提高分辨率，而且可以减少或消除低频振动，使电动机运行更加平稳均匀。

在 3M458 驱动器的侧面连接端子中间有一个红色的 8 位 DIP 功能设定开关，可以用来设定驱动器的工作方式和工作参数，包括细分设置、静态电流设置和运行电流设置。图 2-12 是该 DIP 开关功能划分说明，表 2-2 和表 2-3 分别为细分设置表和电流设定表。

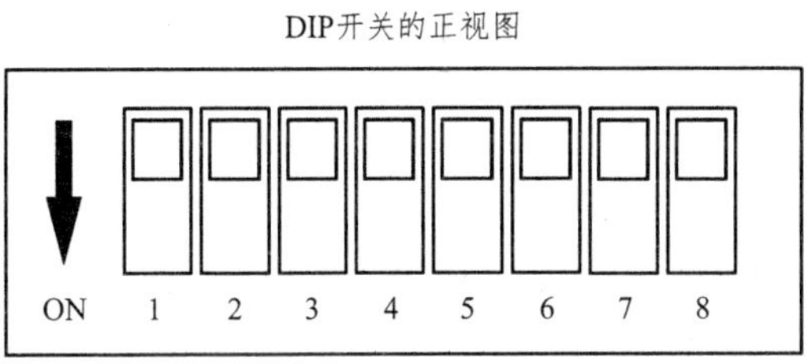

开关序号	ON 功能	OFF 功能
DIP1-DIP3	细分设置用	细分设置用
DIP4	静态电流全流	静态电流半流
DIP5-DIP8	电流设置用	电流设置用

图 2-12　3M458 DIP 开关功能划分说明

表 2-2　细分设置表

DIP1	DIP2	DIP3	细分
ON	ON	ON	400 步/转
ON	ON	OFF	500 步/转
ON	OFF	ON	600 步/转
ON	OFF	OFF	1 000 步/转
OFF	ON	ON	2 000 步/转
OFF	ON	OFF	4 000 步/转
OFF	OFF	ON	5 000 步/转

表 2-3 细分电流设置表

DIP5	DIP6	DIP7	DIP8	输出电流
OFF	OFF	OFF	OFF	3.0 A
OFF	OFF	OFF	ON	4.0 A
OFF	OFF	ON	ON	4.6 A
OFF	ON	ON	ON	5.2 A
ON	ON	ON	ON	5.8 A

步进电动机传动组件的基本技术数据如下。

步距角为 1.8°，即在无细分的条件下 200 个脉冲电动机转一圈（通过驱动器设置细分精度最高可以达到 10 000 个脉冲电动机转一圈）。

对于采用步进电动机作动力源的 YL-335B 系统，出厂时驱动器细分设置为 10 000 步/转。如前所述，直线运动组件的同步轮齿距为 5 mm，共 12 个齿，旋转一周使机械手产生的位移为 60 mm。即每步机械手位移 0.006 mm；电动机驱动电流设为 5.2 A；静态锁定方式为静态半流。

2.2.3 使用步进电动机应注意的问题

步进电动机运行时，应注意步进电动机运行中失步的问题。步进电动机失步包括丢步和越步。丢步时，转子前进的步数小于脉冲数；越步时，转子前进的步数多于脉冲数。丢步严重时，将使转子停留在一个位置上或围绕一个位置振动；越步严重时，设备将发生过冲。

使机械手返回原点的操作，可能出现越步情况。当机械手装置回到原点时，原点接近开关动作，使指令输入“OFF”。但如果到达原点前速度过高，惯性转矩将大于步进电动机的保持转矩而使步进电动机越步。因此，返回原点的操作应确保足够低速。当步进电动机驱动机械手在高速运行时紧急停止，将不可避免地出现越步情况。因此，急停复位后应采取先低速返回原点重新校准，再恢复原操作的方法。由于电动机绕组本身是感性负载，输入频率越高，励磁电流越小，输出力矩就越小。最高工作频率的输出力矩只能达到低频转矩的 40%~50%。进行高速定位控制时，如果指定频率过高，就会出现丢步现象。

此外，如果机械部件调整不当，会使机械负载增大。步进电动机不能过负载运行，哪怕是瞬间，都会造成失步，严重时将停转或产生不规则的原地反复振动。

2.2.4 认知伺服电动机及伺服驱动器

1. 永磁交流伺服系统概述

现代高性能的伺服系统大多数采用永磁交流伺服系统，其中包括永磁同步交流伺服电动机和全数字永磁同步交流伺服驱动器两部分。

1）交流伺服电动机工作原理

交流伺服电动机内部的转子是永久磁铁，驱动器控制的 U/V/W 三相电形成电磁场，转子在此磁场的作用下转动，同时电动机自带的编码器反馈信号给驱动器，驱动器将反馈值与目标值进行比较，调整转子转动的角度。伺服电动机的精度决定于编码器的精度（线数）。交流永磁同步伺服驱动器主要由伺服控制单元、功率驱动单元、通信接口单元、伺服电动机及相应的反馈检测器件组成。其中，伺服控制单元包括位置控制器、速度控制器、转矩和电流控制器等。系统结构组成如图 2-13 所示。

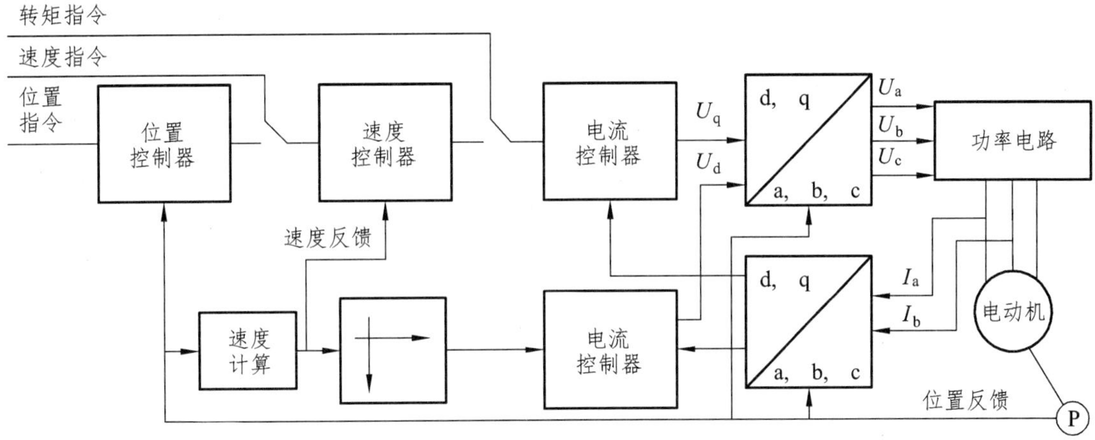

图 2-13　系统结构组成

伺服驱动器控制交流永磁伺服电动机（PMSM）时，可分别工作在电流（转矩）、速度、位置控制方式下。

伺服驱动器均采用数字信号处理器（DSP）作为控制核心，其优点是可以实现比较复杂的控制算法，实现数字化、网络化和智能化。

功率驱动单元首先通过整流电路对输入的三相电或者市电进行整流，得到相应的直流电。再通过三相正弦 PWM（脉宽调制）电压型逆变器变频来驱动三相永磁式同步交流伺服电动机。

逆变部分（DC—AC）采用功率器件集成驱动电路，保护电路和功率开关于一体的智能功率模块（IPM），主要拓扑结构采用了三相桥式电路，原理如图 2-14 所示。它利用脉宽调制（PWM）技术，通过改变功率晶体管交替导通的时间来改变逆变器输出波形的频率，改变每半周期内晶体管的通断时间比。也就是说，通过改变脉冲宽度来改变逆变器输出电压幅值的大小，以达到调节功率的目的。

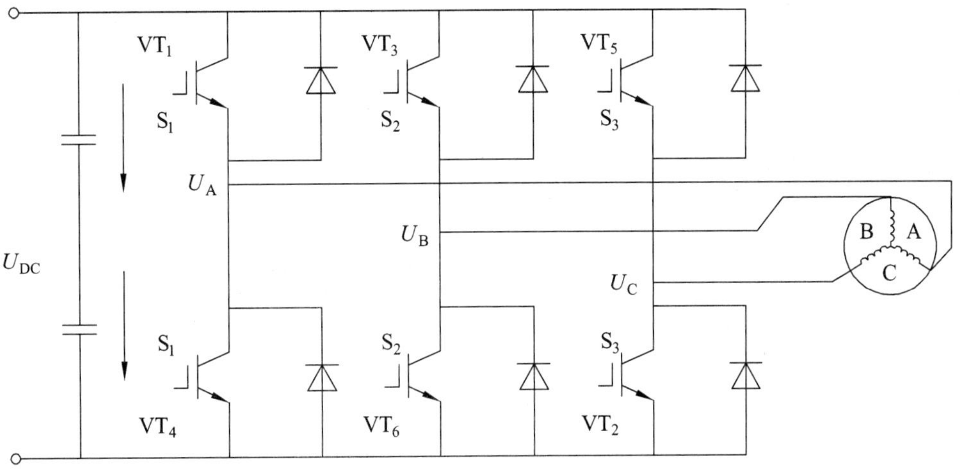

图 2-14　三相逆变电路原理图

2）交流伺服系统的位置控制模式

（1）伺服驱动器输出到伺服电动机的三相电压波形基本是正弦波（高次谐波被绕组电感滤除），而不是像步进电动机那样的三相脉冲序列，即使从位置控制器输入的是脉冲信号。

（2）伺服系统用作定位控制时，位置指令输入位置控制器，速度控制器输入端前面的电子开关切换到位置控制器输出端。同样，电流控制器输入端前面的电子开关切换到速度控制器输出端。因此，位置控制模式下的伺服系统是一个三闭环控制系统，两个内环分别是电流环和速度环。

在稳态时，伺服电动机以指令脉冲和反馈脉冲近似相等时的速度运行。反之，在达到稳态前，系统将在偏差信号作用下驱动电动机加速或减速。若指令脉冲突然消失（例如，紧急停车时，PLC 立即停止向伺服驱动器发出驱动脉冲），伺服电动机仍会运行到反馈脉冲数等于指令脉冲消失前的脉冲数才停止。

3）位置控制模式下电子齿轮的概念

位置控制模式下，等效的单闭环系统框图如图 2-15 所示。

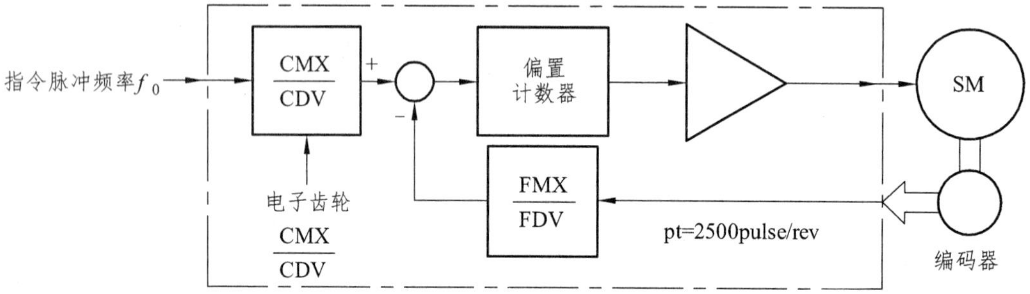

图 2-15 等效的单闭环系统框图

图中，指令脉冲信号和电动机编码器反馈脉冲信号进入驱动器后，均通过电子齿轮变换才进行偏差计算。电子齿轮实际是一个分-倍频器，合理搭配它们的分-倍频值，可以灵活地设置指令脉冲的行程。

2. 松下 MINAS A5 系列 AC 伺服电动机及伺服驱动器

在 YL-335B 的传输单元中，采用了松下 MINAS A5 系列的 MSME022G1S 型永磁同步交流伺服电动机和 MADHT1507E 型全数字交流永磁同步伺服驱动装置，作为运输机械手的运动控制装置。该伺服电动机外观及各部分名称如图 2-16 所示。

（a）外观

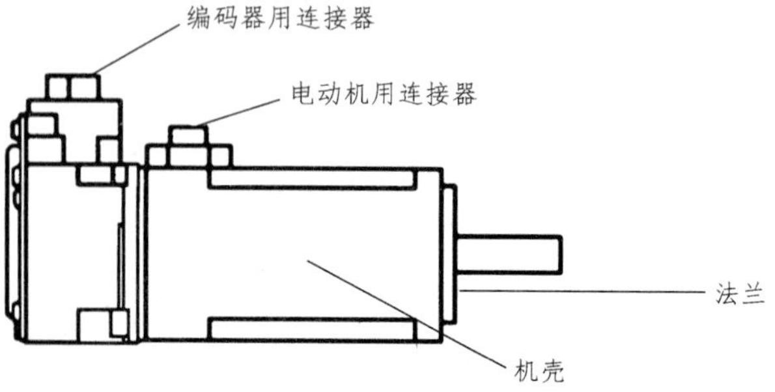

（b）各部分名称

图 2-16 MSME022G1S 型永磁同步交流伺服电动机的外观及各部分名称

MSME022G1S 的含义：MSME 表示电动机类型为大惯量；02 表示电动机的额定功率为 200 W；2 表示电压规格为 200 V；G 表示编码器为增量式编码器，脉冲数为 2 500 p/r，分辨率为 10 000，输出信号线数为 5；1S 表示标准设计，电动机结构为有键槽、无保持制动器、无油封。

MADHT1507E 的含义：MADHT 表示松下 A5 系列 A 型驱动器；T1 表示最大瞬时输出电流为 10 A；5 表示电源电压规格为单相 200 V；07 表示电流监测器额定电流为 7.5 A；E 表示 A5E 系列。驱动器的外观和面板如图 2-17 所示。

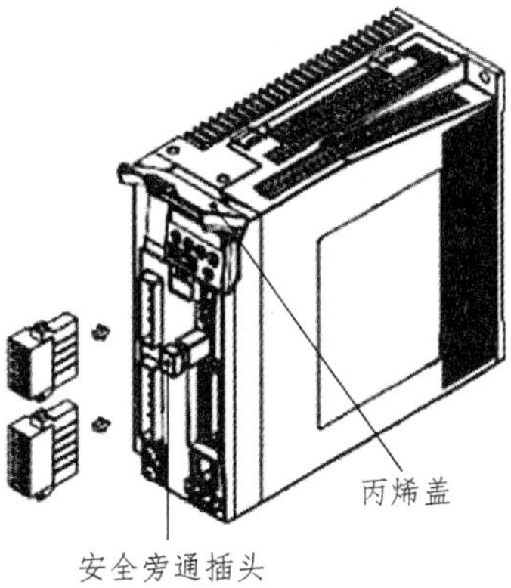

（a）伺服驱动器外观

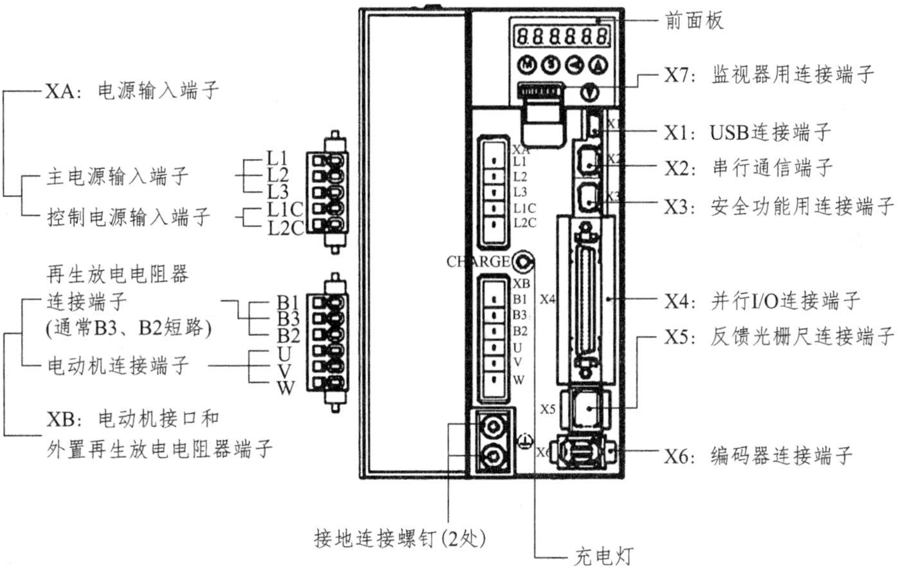

（b）伺服驱动器面板

图 2-17　伺服驱动器的外观及面板

下面着重介绍该伺服驱动器的接线和参数设置。

1）接　线

（1）XA：电源输入接口，AC 220 V 电源连接到 L1、L3 主电源端子，同时连接到控制电源端子 L1C、L2C 上。

（2）XB：电动机接口和外置再生放电电阻器接口。U、V、W 端子用于连接电动机。必须注意，电源电压务必按照驱动器铭牌上的指示，电动机接线端子（U、V、W）不可以接地或短路，交流伺服电动机的旋转方向不像感应电动机可以通过交换三相相序来改变，必须保证驱动器上的U、V、W接线端子与电动机主回路接线端子按规定的次序一一对应，否则可能造成驱动器的损坏。电动机的接线端子和驱动器的接地端子以及滤波器的接地端子必须可靠连接到同一个接地点上。机身也必须接地。B1、B3、B2端子是外接放电电阻（YL-335B没有使用外接放电电阻）。

（3）X6：连接到电动机编码器信号接口，连接电缆应选用带有屏蔽层的双绞电缆，屏蔽层应接到电动机侧的接地端子上，并且应确保将编码器电缆屏蔽层连接到插头的外壳（FG）上。

（4）X4：I/O控制信号端口，其部分引脚信号定义与选择的控制模式有关，不同模式下的接线请参考《松下MINAS A5系列驱动器使用手册》。YL-335B传输单元中，伺服电动机用于定位控制，选用位置控制模式。

2）伺服驱动器的参数设置与调整

松下的伺服驱动器有7种控制运行方式，即位置控制、速度控制、转矩控制、位置/速度控制、位置/转矩、速度/转矩、全闭环控制。

位置方式就是输入脉冲串来使电动机定位运行，电动机转速与脉冲串频率相关，电动机转动的角度与脉冲个数相关。速度方式有两种：一是通过输入直流-10~+10 V指令电压调速，二是选用驱动器内设置的内部速度来调速。转矩方式是通过输入直流-10~+10 V指令电压调节电动机的输出转矩。这种方式下运行必须要进行速度限制，有两种限速方法：一是设置驱动器内的参数来限速，二是输入模拟量电压限速。

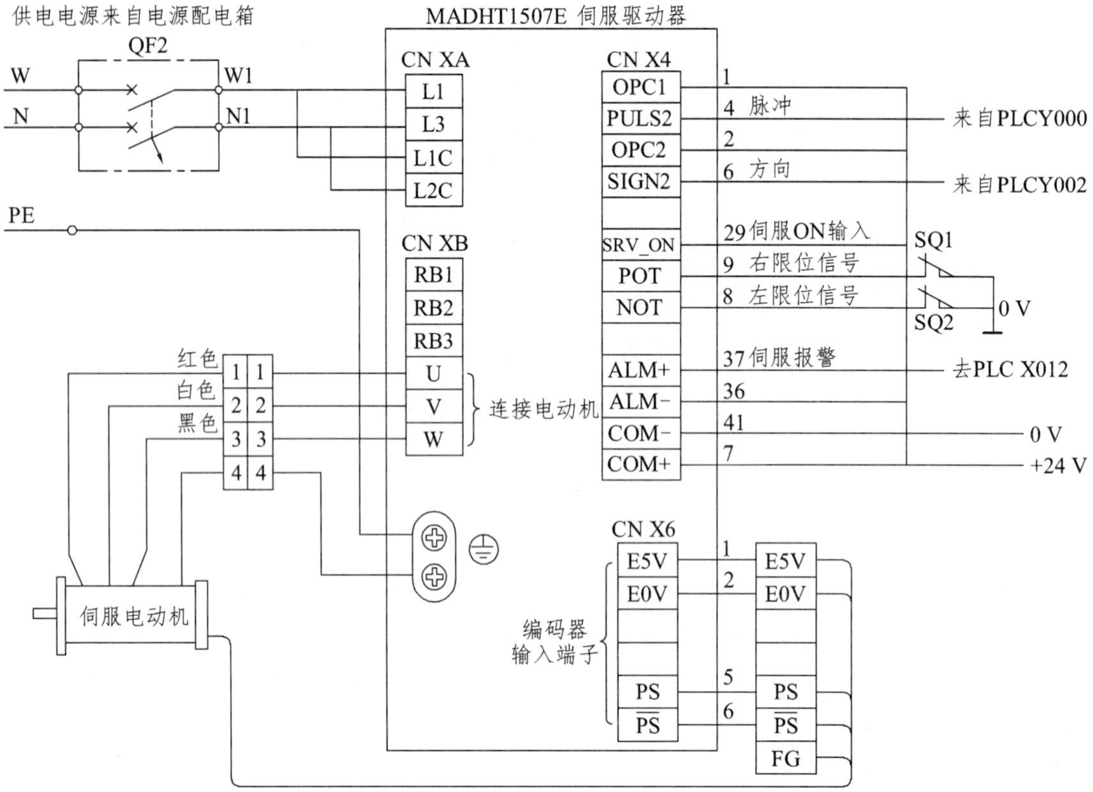

图2-18 伺服驱动器电气接线图

3）参数设置方式操作说明

MADHT1507E 型伺服驱动器的参数分为 7 类，共有 210 个（Pr0.00 ~ Pr6.39）。参数可以通过与 PC 连接后在专门的调试软件上进行设置，也可以在驱动器的面板上进行设置，包括分类 0（基本设定）；分类 1（增益调整）；分类 2（振动抑制功能）；分类 3（速度、转矩控制、全闭环控制）；分类 4（I/F 监视器设定）；分类 5（扩展设定）；分类 6（特殊设定）。

在计算机上安装驱动器参数设置软件 PANATERM 后，通过与伺服驱动器建立起通信，就可读取伺服驱动器的参数状态，然后进行修改或设置，再写入驱动器，使用非常方便，如图 2-19 所示。

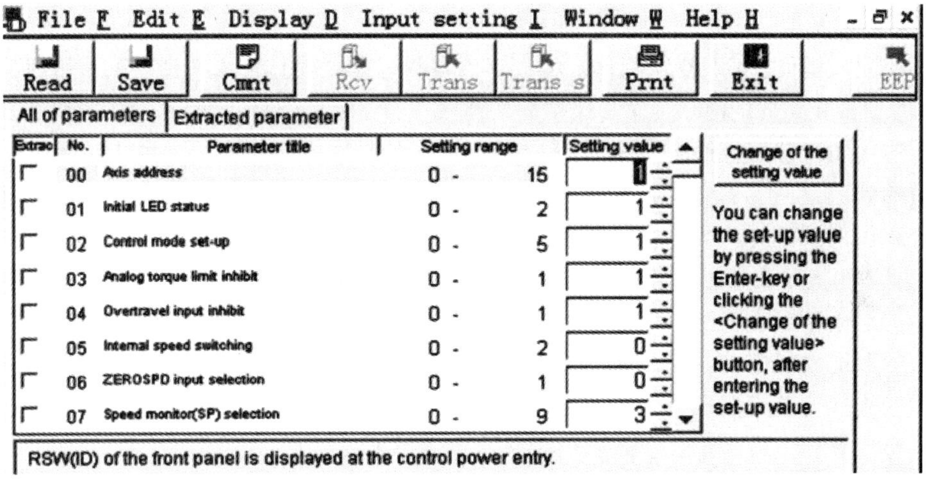

图 2-19　驱动器参数设置软件 PANATERM

2.3　传输单元的安装与调试

2.3.1　项目目标

（1）在了解传输单元结构组成的基础上，将传输单元的机械部分拆开成组件和零件的形式，学会正确使用拆装工具。

（2）将组件和零件安装成原样，掌握传输单元的正确安装步骤和方法。

（3）学会机械部分的装配、气路的连接和调整及电气接线。

2.3.2　传输单元装置侧的拆卸

（1）松开底板紧固螺钉，拆下总进气气管，将传输单元搬离设备到拆装工作台。

（2）拆卸气路、电磁阀组。

（3）依次拆卸接线端子及端子上的导线、端子卡座、线槽、底座等。

（4）将传输单元机械部分拆成组件。

（5）将各组件拆成散件，并将拆卸下的零配件整理整齐。

2.3.3 安装步骤和方法

1. 机械部分安装

安装原则：先将零件组装成组件，再进行总装。

1）组装直线运动组件的步骤

（1）在底板上装配直线导轨。传输单元直线导轨是一对长度较长的精密机械运动部件，安装时应首先调整好两导轨的相互位置（间距和平行度），然后拧紧其固定螺栓。由于每根导轨的固定螺栓多达 18 个，紧固时必须按一定的顺序逐步进行，使其运动平稳、受力均匀、运动噪声小。

（2）装配大溜板、4 个滑块组件。将大溜板与两直线导轨上的 4 个滑块的位置找准并进行固定，在拧紧固定螺栓的时候，应一边推动大溜板左右运动一边拧紧螺栓，直到滑动顺畅为止。

（3）连接同步带。将连接了 4 个滑块的大溜板从导轨的一端取出。由于用于滚动的钢球嵌在滑块的橡胶套内，一定要避免橡胶套受到破坏或用力太大致使钢球掉落。将两个同步带固定座安装在大溜板的反面，用于固定同步带的两端。

（4）同步轮安装支架组件装配。先将电动机侧同步轮安装支架组件用螺栓固定在导轨安装底板上，再将调整端同步轮安装支架组件与底板连接，然后调整好同步带的张紧度，锁紧螺栓。

（5）伺服电动机安装。将电动机安装板固定在电动机侧同步轮支架组件的相应位置，然后安装活动连接，并在主动轴、电动机轴上分别套接同步轮，安装好同步带，调整电动机位置，锁紧连接螺栓。最后安装左右限位以及原点传感器支架。

提示：伺服电动机或步进电动机都是精密装置，安装时注意不要敲打轴端，更不能拆卸电动机。

完成装配的直线运动组件如图 2-3 所示。

2）安装机械手装置的步骤

（1）提升机构安装如图 2-20 所示。

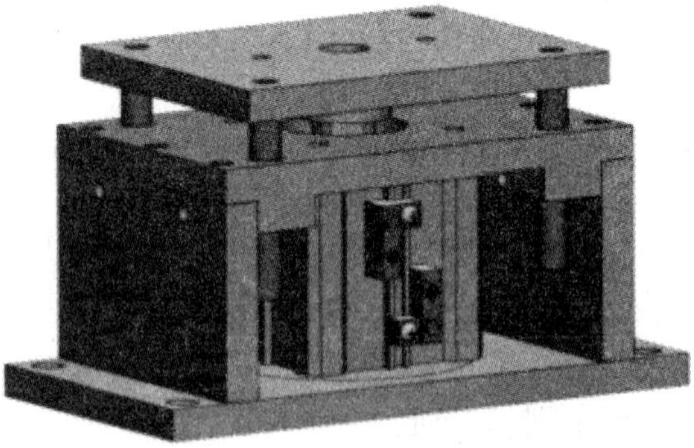

图 2-20　提升机构安装

（2）把气动摆台固定在安装好的提升机构上，然后在气动摆台上固定升降台升降气缸安装板，安装时注意要先找好升降台升降气缸安装板与气动摆台连接的原始位置，以便有足够的回转角度。

（3）连接气动手指和升降台升降气缸，然后把升降台升降气缸固定到升降台升降气缸安装板上，完成机械手装置的装配。

（4）在完成以上组件的装配后，把机械手装置固定到直线运动传动组件的大溜板上，如图 2-21 所示。最后，检查气动摆台上的升降台升降气缸、气动手指组件的回转位置是否满足在其余各工作站上抓取和放下工件的要求，进行适当的调整。

图 2-21　装配完成的机械手装置

3）机械部分安装时的注意事项

（1）在直线运动传动组件的安装过程中，轴承和轴承座均为精密机械零部件，拆卸和安装需要较熟练的技能和专用工具，因此不可轻易对其进行拆卸或修配。

（2）在安装机械手装置过程中，注意要先找好升降台升降气缸安装板与气动摆台连接的原始位置，以便有足够的回转角度。

2. 气动元件（气路）连接

当机械手装置做往复运动时，连接到机械手装置上的气管和电气连接线也随之运动。应确保这些气管和电气连接线运动顺畅，不至于在移动过程中拉伤或脱落，是安装过程中重要的一环。连接到机械手装置上的气管和电气连接线是通过拖链带引出到固定在工作台上的电磁阀组和接线端口上的，其连接示意如图 2-22 所示。

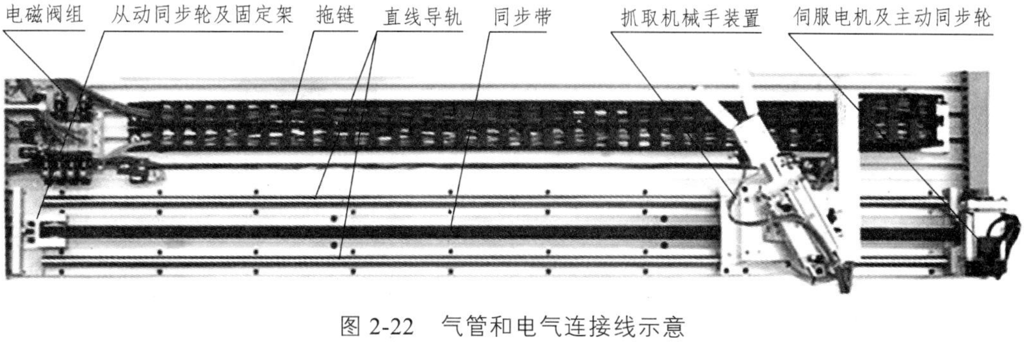

图 2-22　气管和电气连接线示意

连接到机械手装置上的管线首先绑扎在拖链带安装支架上，然后沿拖链带敷设，进入管线线槽中。绑扎管线时应注意管线引出端到绑扎处保留足够的长度，以免机构运动时被拉紧造成脱落。沿拖链敷设时注意管线间不要相互交叉。

另外，气路系统安装完毕后应注意 4 个气缸的初始位置，位置不对时应对照图 2-6 进行调整。

3. 气路调试

传输单元气路系统的调试主要是针对气动元件的运行情况进行的，其调试方法是通过手动控制单电控换向阀，观察各气动执行元件的动作情况。气动执行元件运行过程中应检查各管路的连接处是否有漏气现象，是否存在气管不畅通现象。同时，通过对各单向节流阀的调整来获得稳定的气动执行元件运行速度。

4. 传感器的安装

1）传感器的安装步骤

（1）传输单元有 4 个气动执行元件，即升降气缸、伸缩气缸、摆动气缸、气动手指，一共使用了 7 个磁性开关作为气动执行元件的极限位置检测元件。磁性开关的安装方法与供料单元中磁性开关的安装方法相同，在此不再赘述。

（2）电感式传感器的安装。传输单元中的电感式传感器用于机械手装置返回原点位置的检测，其安装方法与供料单元中电感式传感器的安装方法相同，在此不再赘述。

2）传感器安装时的注意事项

（1）磁性开关安装时应注意位置和紧固可靠。

（2）电感式传感器安装时应注意安装位置的调整，以免机械手装置返回原点位置时产生到位信号。

5. 装置侧电气接线及工艺要求

电气接线包括在传输单元装置侧完成各传感器、电磁阀等引线到装置侧接线端口之间的接线。该单元装置侧接线端口的接线端子采用三层端子结构。

传输单元装置侧的接线端口上各传感器和电磁阀信号端子的分配如表 2-4 所示。

表 2-4　传输单元装置侧的接线端口信号端子的分配

输入端口中间层			输出端口中间层		
端子号	设备符号	信号线	端子号	设备符号	信号线
1	SC1	原点传感器检测	2	PULS2	伺服脉冲
2	SQ1	右限位开关	3		
3	SQ2	左限位开关	4	SIGN2	伺服方向
4	1B1	机械手升降下限检测	5	1YV	升降台升降电磁阀
5	1B2	机械手升降上限检测	6	3YV1	摆动气缸左旋电磁阀
6	3B1	机械手旋转左限检测	7	3YV2	摆动气缸右旋电磁阀
7	3B2	机械手旋转右限检测	8	2YV	手爪伸缩电磁阀
8	2B2	机械手伸出检测	9	4YV1	手爪夹紧电磁阀
9	2B1	机械手缩回检测	10	4YV2	手爪放松电磁阀
10	4B1	机械手夹紧检测			
11	ALM+	伺服报警			
13 号～17 号端子没有连接			11 号～14 号端子没有连接		

（1）磁性开关的接线。磁性开关为两线式传感器，连线时 7 个磁性开关（1B1、1B2、3B1、3B2、2B2、2B1、4B1）的棕色线分别与传输单元装置侧输入端口中间层的 5、6、7、8、9、10、11 号端子连接，蓝色线分别与该端口下层相对应的端子连接。

（2）电感式传感器的接线。电感式传感器为三线式传感器，连线时 SC1 的黑色线与传输单元装置侧输入端口中间层的 2 号端子连接，棕色线与该端口上层相对应的端子连接，蓝色线与该端口下层相对应的端子相连。

（3）限位开关的接线。左右两个限位开关 SQ2 和 SQ1 的常开触点引出线（红色线）分别连接到传输单元装置侧输入端口中间层的 4、3 号端子。必须注意的是，SQ2、SQ1 均提供一对转换触点，它们的静触点引出线（黑色线）应连接到该单元装置侧输入端口下层相对应的端子，而常闭触点引出线（黄色线）必须连接到伺服驱动器的控制端口 CNX4 的 NOT 端（引脚 8）和 POT 端（引脚 9）作为硬联锁保护（见图 2-18），目的是防止由于程序错误引起越程故障而造成设备损坏。

（4）伺服系统的接线主要包括伺服电动机端子接线、驱动器端子与 PLC 输出端的连线。伺服电动机端子与驱动器之间的连接关系如图 2-18 所示。

这里主要介绍伺服驱动器与 PLC 输出端及电源之间的接线。伺服驱动器与电源之间的接线如图 2-18 所示，这里需注意，伺服驱动器输入的电压为单相交流电压。伺服驱动器与 PLC 输出端的连接是通过其控制端口 CNX4 实现的，该端口对外引出 9 根线，其中黄色线、绿色线、紫色线接直流电源 24V，这 3 根线分别连接至传输单元装置侧输入端口上层的 3、4、5 号端子；蓝色线接直流电源 0 V，与该端口下层 12 号端子相连；咖啡色线（伺服报警信号）连接至该端口中间层 12 号端子；灰色线（伺服脉冲）与传输单元装置侧输出端口中间层 2 号端子连接；白色线（伺服方向）与输出端口中间层 4 号端子连接；红色线与右限位开关的黄色线相接；黑色线与左限位开关的黄色线相接。

（5）电磁阀的接线。电磁阀对外引出两根线，连线时 4 个电磁阀（1YV、3YV1、3YV2、2YV、4YV1、4YV2）的蓝色线分别与传输单元装置侧输出端口中间层的 5、6、7、8、9、10 号端子连接，红色线分别与该端口上层相应端子连接。

2.3.4　检查调试

（1）调整气动部分，检查气路是否正确，气压是否合理，气缸的动作速度是否合理。

（2）检查磁性开关的安装位置是否到位，磁性开关工作是否正常。

（3）检查各传感器安装是否合理、灵敏度是否合适，确保检测的可靠性。

2.4　传输单元的编程与调试

2.4.1　工作任务

传输单元单站调试的目标是测试设备传送工件的功能，驱动设备可为步进电动机或伺服电动机。进行测试时要求其他各工作单元已经就位，供料单元的物料台上放置了工件。控制要求如下：

1. 复位操作

传输单元上电后，在机械手装置初始状态下按下复位按钮 SB2，执行复位操作，使机械手装置回到原点位置。在复位过程中，“正常工作”指示灯 HL1 以 1 Hz 的频率闪烁。当机械手装置回到原点位置，且传输单元各个气缸满足初始位置的要求，则复位完成，“正常工作”指示灯 HL1 常亮。按下启动按钮 SB1，设备启动，“设备运行”指示灯 HL2 也常亮，开始功能测试过程。

2. 正常功能调试

（1）机械手装置从供料站出料台抓取工件，抓取的顺序是：手臂伸出→手爪夹紧抓取工件→升降台上升→手臂缩回。

（2）抓取动作完成后，机械手装置向装配站移动，移动速度不小于 300 mm/s。

（3）机械手装置移动到装配站物料台的正前方后，即把工件放到装配站物料台上。机械手装置在装配站放下工件的顺序是：手臂伸出→升降台下降→手爪松开放下工件→手臂缩回。

（4）放下工件动作完成 2 s 后，机械手装置执行抓取装配站工件的操作。抓取的顺序与供料站抓取工件的顺序相同。

（5）抓取动作完成后，机械手装置移动到加工站物料台的正前方。然后把工件放到加工站物料台上。其动作顺序与装配站放下工件的顺序相同。

（6）放下工件动作完成 2 s 后，机械手装置执行抓取加工台工件的操作。抓取的顺序与供料站抓取工件的顺序相同。

（7）机械手手臂缩回后，摆台逆时针旋转 90°，机械手装置从加工站向分拣站运送工件，到达分拣站后，执行向传送带上方入料口放下工件的操作，动作顺序与装配站放下工件的顺序相同。

（8）放下工件动作完成后，机械手手臂缩回，然后执行以 400 mm/s 的速度返回原点的操作。返回过程中摆台顺时针旋转 90°，回到原点停止。

当机械手装置返回原点后，一个测试周期结束。当供料单元的出料台上放置了工件时，再按一次启动按钮 SB1，开始新一轮的测试。

3. 非正常运行的功能测试

若在工作过程中按下急停开关 QS，则系统立即停止运行。在急停复位后，应从急停前的断点开始继续运行。

对于使用步进电动机驱动的系统，若急停开关按下时，机械手装置正在向某一目标点移动，则急停复位后机械手装置应首先返回原点位置，然后再向原目标点运动。

在急停状态，绿色指示灯 HL2 以 1 Hz 的频率闪烁，直到急停复位后恢复正常运行，HL2 又恢复常亮。

2.4.2　PLC 的 I/O 分配与接线图

传输单元所需的 I/O 点较多。其中，输入信号包括来自按钮/指示灯模块的按钮、开关等主令信号，各构件的传感器信号等；输出信号包括输送到机械手装置各电磁阀的信号和输送到伺服电动机驱动器的脉冲信号和驱动方向信号；此外还须考虑在需要时输出信号到按钮/指示灯模块的指示灯，以显示本单元或系统的工作状态。

1. I/O 分配

由于传输单元 PLC 需要输出驱动伺服电动机的高速脉冲，PLC 应选用晶体管输出型。基于上述考虑和工作任务的要求，该单元选用三菱 FX3U-48MT 型 PLC，为 24 点输入，24 点输出晶体管输出型。I/O 信号分配如表 2-5 所示。

表 2-5　传输单元 PLC 的 I/O 信号分配

输入信号				输出信号			
序号	PLC 输入点	信号名称	信号来源	序号	PLC 输出点	信号名称	信号来源
1	X000	原点接近开关检测	装置侧	1	Y000	脉冲	装置侧
2	X001	右限位开关		2	Y001		
3	X002	左限位开关		3	Y002	方向	
4	X003	机械手升降下限检测		4	Y003	升降台升降电磁阀	
5	X004	机械手升降上限检测		5	Y004	摆动气缸左旋电磁阀	
6	X005	机械手旋转左限检测		6	Y005	摆动气缸右旋电磁阀	
7	X006	机械手旋转右限检测		7	Y006	手爪伸缩电磁阀	
8	X007	机械手伸出检测		8	Y007	手爪夹紧电磁阀	
9	X010	机械手缩回检测		9	Y010	手爪放松电磁阀	
10	X011	机械手夹紧检测		10	Y015	正常工作指示	按钮/指示灯模块
11	X012	伺服报警		11	Y016	运行指示	
12	X024	起动按钮	按钮/指示灯模块	12	Y017	报警指示	
13	X025	复位按钮					
14	X026	急停开关					
15	X027	单机/全线转换开关					

2. I/O 接线图

根据工作单元装置的 I/O 信号分配和工作任务的要求，该单元 I/O 接线如图 2-23 所示。图中，左、右两限位开关 SQ2 和 SQ1 的动合触点分别连接到 PLC 输入点 X002 和 X001。

本单元 PLC 为晶体管输出型 FX3U-48MT，采用 AC 220 V 电源供电，与前面各工作单元的继电器输出型的 PLC 相同。

完成系统的电气接线后，尚需对伺服电动机驱动器进行参数设置。

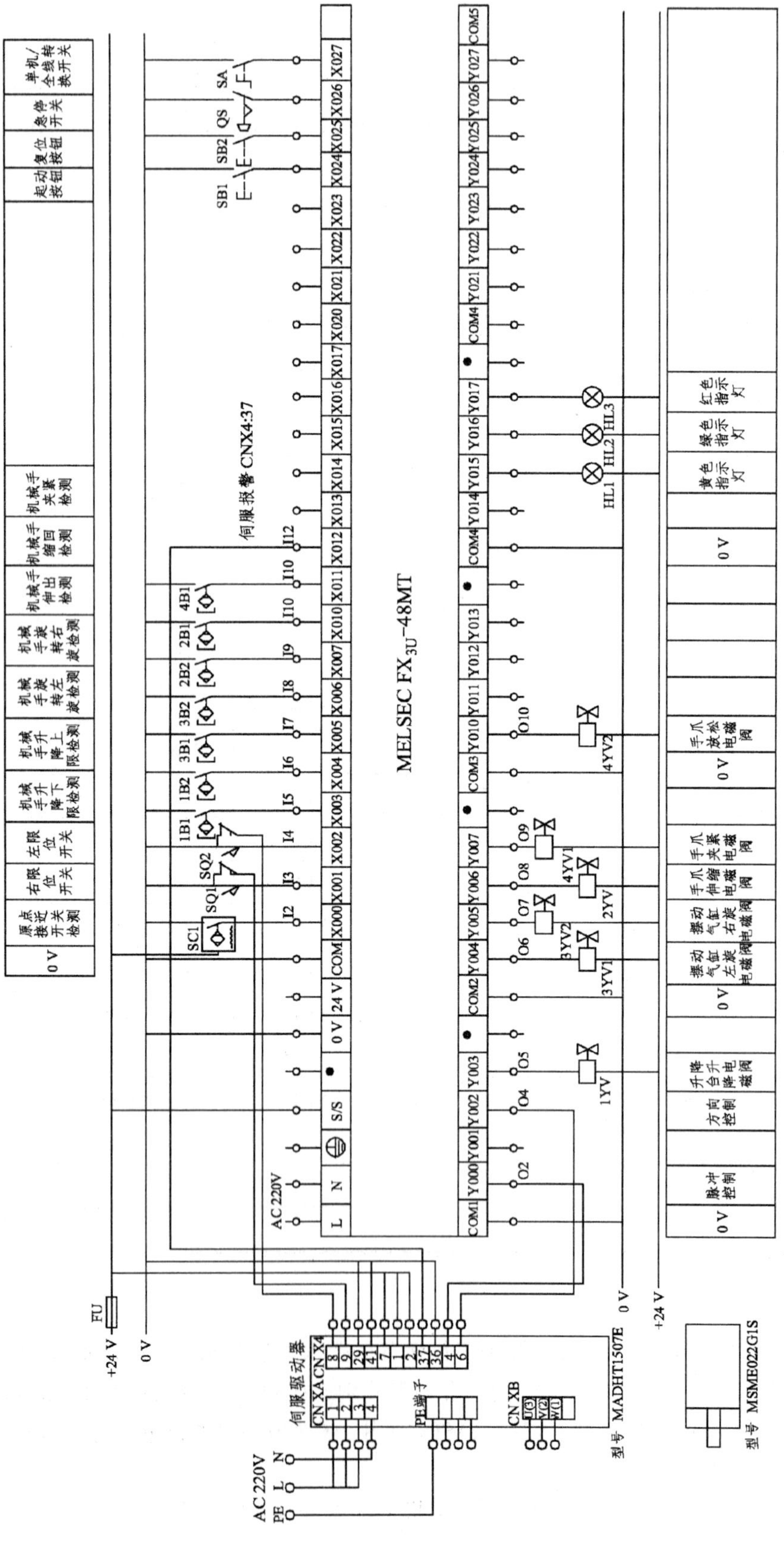

图 2-23 传输单元 PLC 的 I/O 接线图

2.4.3　PLC 的安装与接线

首先将 PLC 安装在导轨上，然后进行 PLC 侧接线，包括电源接线、PLC 输入/输出端子接线以及按钮指示灯模块接线 3 个部分。

将 PLC 输入端的 L、N 端与交流电源的相线和中性线连接，S/S、0 V 端与直流电源+24 V 和 0 V 连接，在进行 PLC 输入/输出端子接线时，PLC 侧部分接线端子排为双层两列端子，左边较窄的一列主要接 PLC 的输出端口，右边较宽的一列接 PLC 的输入端口。两列中的下层分别接直流电源+24 V 和 0 V。左列上层接 PLC 的输出信号端子，右列上层接 PLC 的输入信号端子。按钮指示灯模块中的按钮、选择开关、急停开关接线端子分别连接至 PLC 的输入端子，信号指示灯端子接至 PLC 的输出端子。

在进行 PLC 接线时一定要参照表 2-4 和图 2-23。PLC 侧输入、输出端口的上层端子与装置侧输入、输出端口的中间层端子的编号是一一对应的。接线完成后，用多芯信号电缆将传输单元装置侧输入、输出端口与该单元 PLC 侧输入、输出端口互连。

2.4.4　PLC 程序的编制

1. 主程序编写的思路

从工作任务可以看到，传输单元传送工件的过程是一个步进顺序控制过程，包括两个方面，一是伺服电动机驱动抓取机械手的定位控制，二是机械手到各工作单元物料台上抓取或放下工件。

整个功能测试过程应包括上电后复位、传送功能测试、紧急停止处理和状态指示等部分，传送功能测试是一个步进顺序控制过程。在主程序中可采用步进指令驱动实现，在整个测试过程中机械手装置在供料单元、加工单元、装配单元、分拣单元四个单元共抓料和放料 6 次，这可以分别编写一个抓料子程序和一个放料子程序来处理。

本工作任务采用伺服电动机驱动，由于伺服电动机驱动系统本身是一个闭环控制系统，急停发生时将减速停止在已发脉冲的指定位置。当前位置被保存，急停复位后无须返回原点。这样就不需要编制急停处理子程序。为了实现上面的功能，需要主控指令（MC，MCR）配合，直接用急停开关信号 X026 与运行状态 M10、越程故障 M7 相串联，作为主控块的控制条件即可实现。

传输单元程序控制的关键点是伺服电动机的定位控制，本程序采用 FX_{3U} 型 PLC 绝对位置控制指令来定位。因此，需要知道各工位的绝对位置脉冲数。由前面分析可知，伺服驱动器的脉冲当量为 0.01 mm，即机械手装置每移动 1 mm，PLC 需发 100 个脉冲，数据如表 2-6 所示。

表 2-6　伺服电动机运行的各工位绝对位置

序　号	站　点	脉 冲 量	移 动 方 向
1	低速回零（ZRN）		
2	ZRN（零位）→供料站，22 mm	2 200	
3	供料站→加工站，430 mm	4 300	DIR
4	供料站→装配站，780 mm	78 000	DIR
5	供料站→分拣站，1040 mm	104 000	DIR

综上所述，主程序应包括上电初始化、复位过程（子程序）、准备就绪后投入运行等阶段。主程序部分如图 2-24 所示。

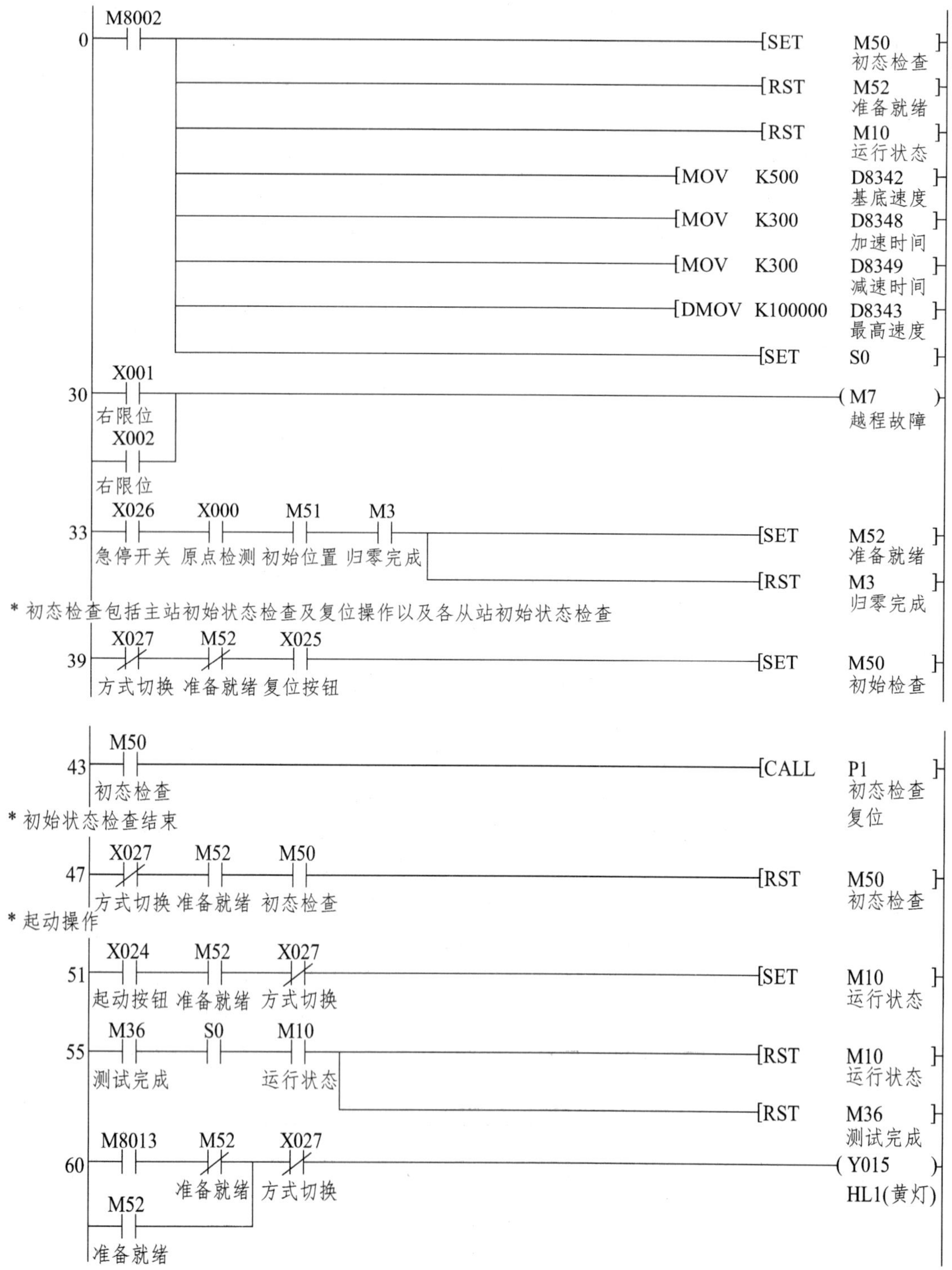

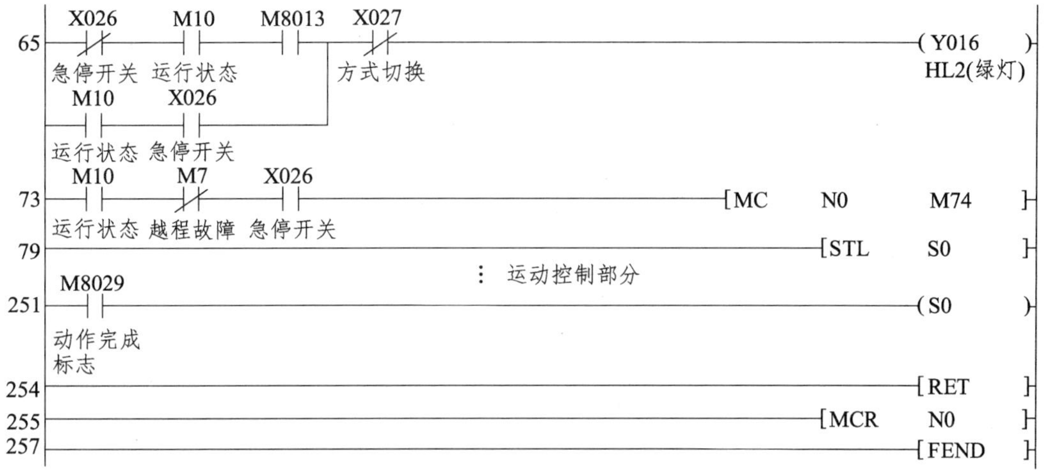

图 2-24　传输单元主程序

2. 初态检查复位及回原点子程序

系统上电且按下复位按钮后，调用初态检查复位子程序，进入初始状态检查及复位操作阶段，目标是确定系统是否准备就绪，若未准备就绪，则系统不能起动进入运行状态。

该子程序的内容是检查各气动元件是否处在初始位置，机械手装置是否在原点位置，否则进行相应的复位操作，直至准备就绪。准备就绪后才进行回原点程序操作，并完成一些简单的逻辑运算。该部分子程序如图 2-25 所示。

应当指出，上述初态检查复位及回零子程序中，回零程序是采用原点回归指令和绝对定位指令实现的。由于原点回归指令不能使机械手装置回到真正的原点，所以程序中出现了归零 1 和归零 2 的程序。实际上，这里可以直接用带加减速的脉冲输出指令实现回原点的功能，而且程序更简洁。其程序如图 2-26 所示。

3. 运动控制部分程序

主程序结构中主控块部分的运动控制是传送工件顺控过程，该过程是一个单序列的步进顺控过程，其流程如图 2-27 所示。

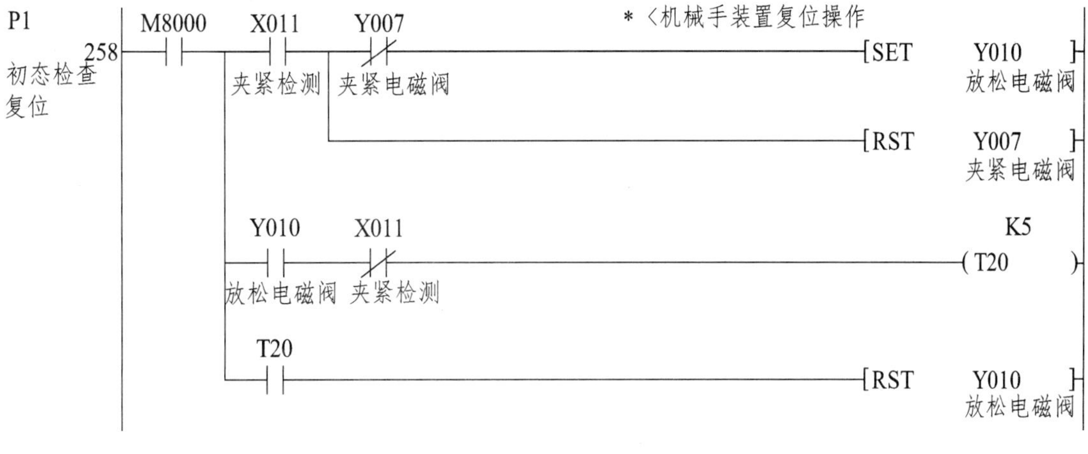

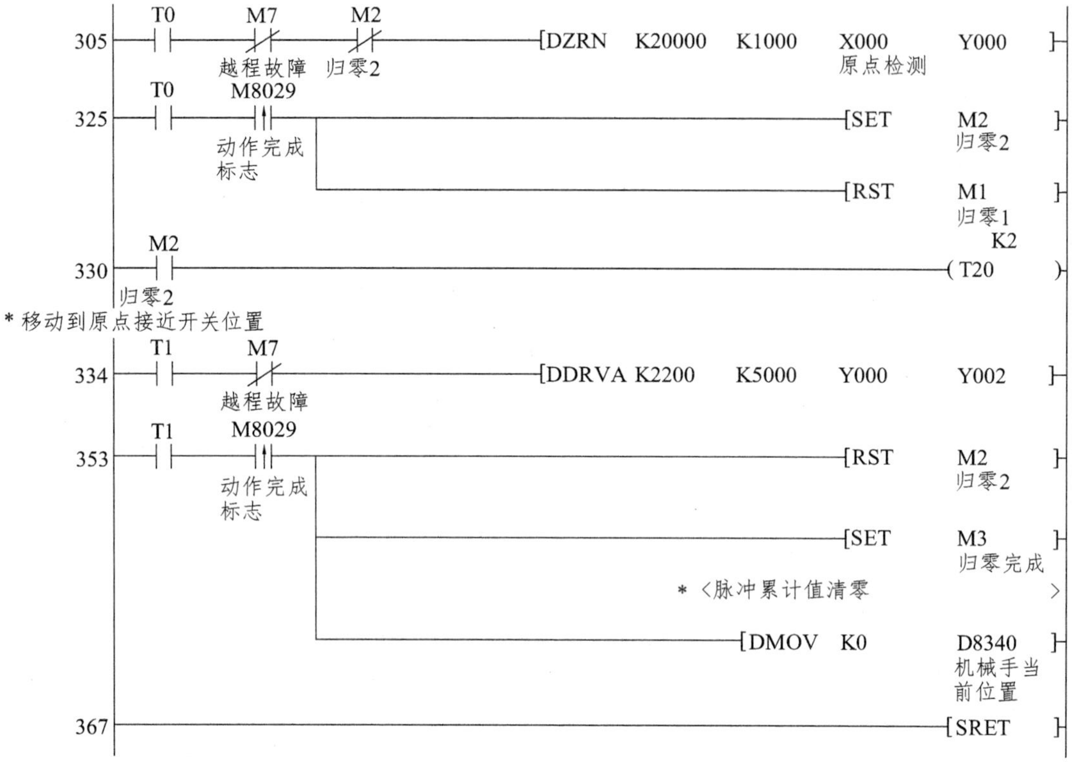

图 2-25 初态检查复位及回原点子程序

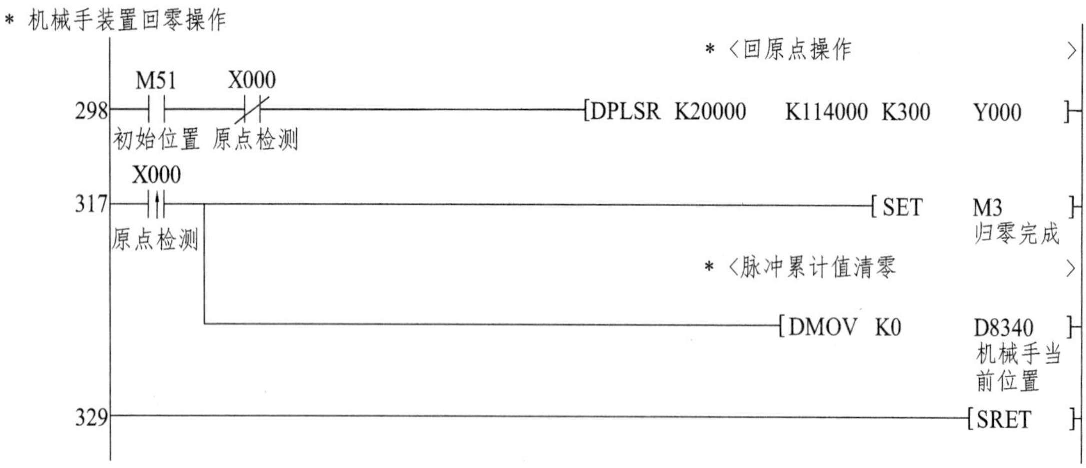

图 2-26 使用带加减速的脉冲输出指令实现归零的程序

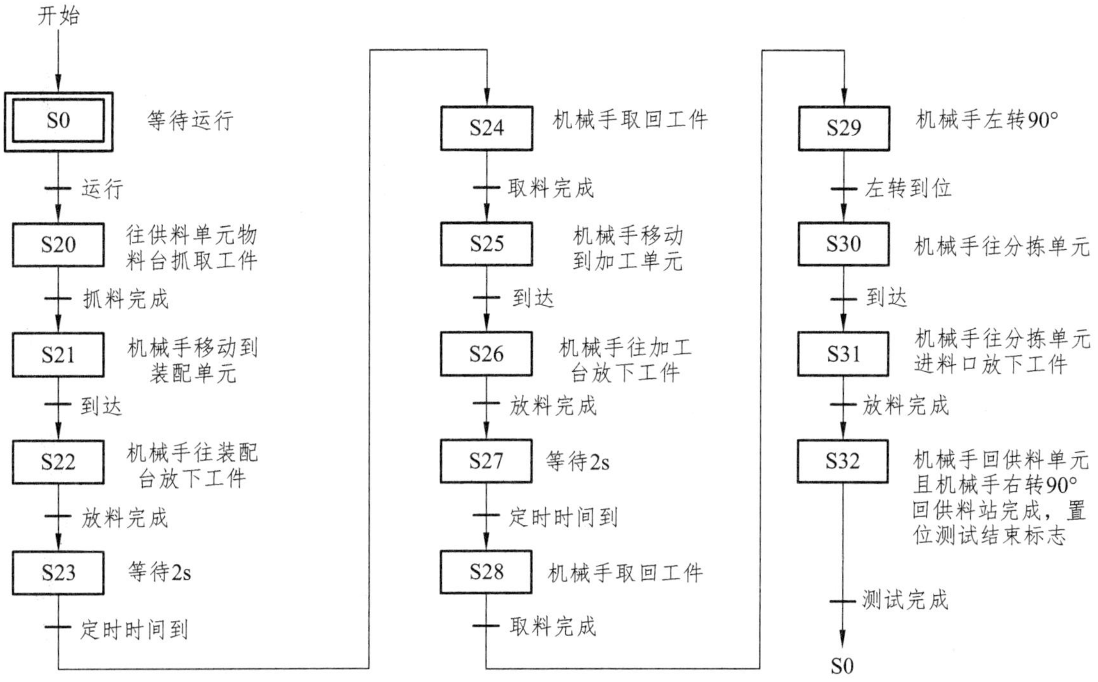

图 2-27 传送工件顺序控制过程流程图

其中的第 S21、S25、S30、S32 步都是伺服电动机驱动机械手分别向装配单元、加工单元、分拣单元和供料单元运动的过程，以 S25 步向加工单元移动过程为例，梯形图如图 2-28 所示。

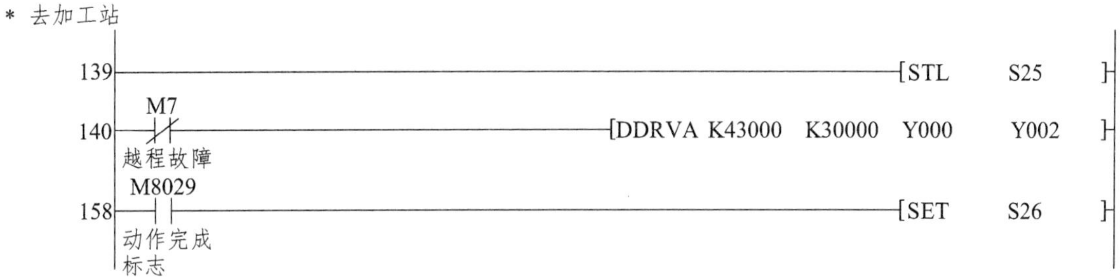

图 2-28 机械手从装配单元移动到加工单元梯形图

4. 机械手的抓取和放下工件（抓料和放料）操作

机械手在不同的阶段抓取工件或放下工件的动作顺序是相同的。抓取工件的动作顺序为：手臂伸出→手爪夹紧→升降台上升→手臂缩回。放下工件的动作顺序为：手臂伸出→升降台下降→手爪松开→手臂缩回。采用子程序调用的方法来实现抓取和放下工件的动作控制使程序编写得以简化。

在机械手执行抓取工件的工作步中，调用“抓料”子程序；在执行放下工件的工作步中，调用“放料”子程序。当抓取或放下工作完成时，“抓料完成”标志 M4 或“放料完成”标志 M5 作为顺序控制程序中步转移的条件。应该指出的是，虽然抓取工件或放下工件都是顺序控制过程，但在编制子程序时不能使用 STL/RET 指令，否则会发生代号为 6606 的错误。实际上，抓取工件和放下工件过程均较为简单，直接使用基本指令即可实现。抓料和放料子程序分别如图 2-29、2-30 所示。

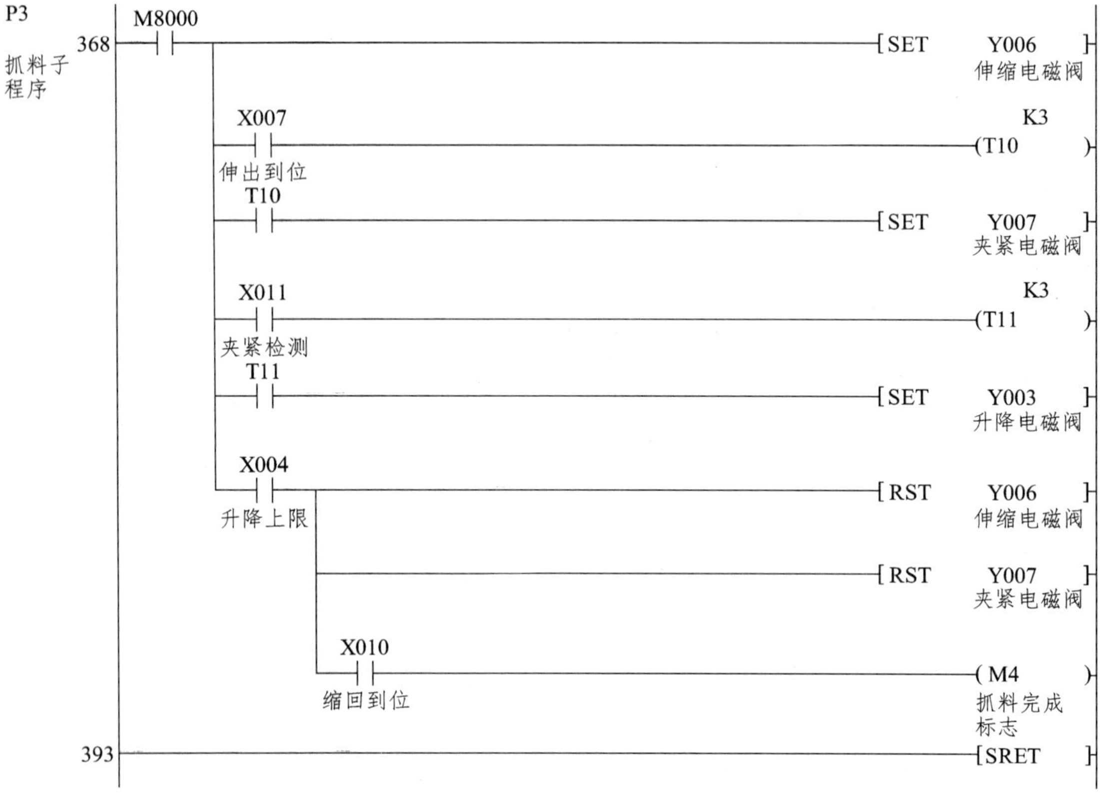

图 2-29 抓料子程序

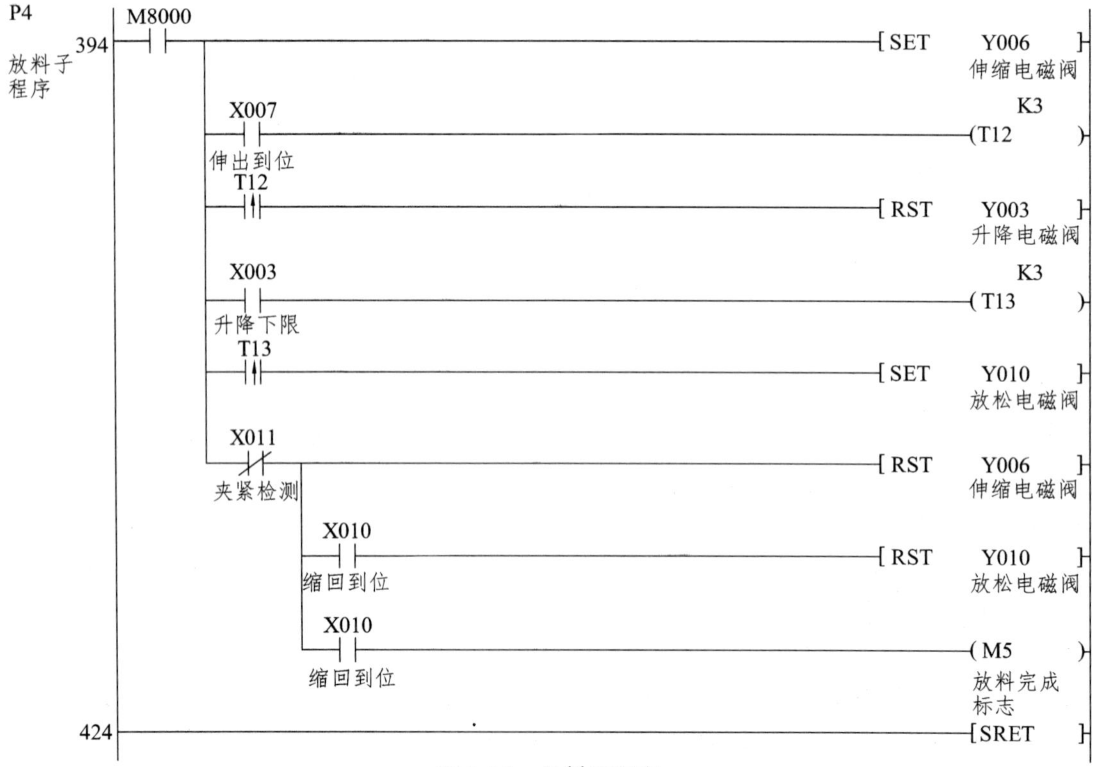

图 2-30 放料子程序

2.5　调试与运行

（1）调整气动部分，检查气路是否正确，气压是否合理，气缸的动作速度是否合理。
（2）检查磁性开关的安装位置是否到位，磁性开关工作是否正常。
（3）检查 I/O 接线是否正确。
（4）电感式传感器的功能测试。
（5）按钮/指示灯的功能测试。
（6）气动元件的功能测试。
（7）伺服系统的功能测试。
（8）运行程序检查动作是否满足任务要求。

2.6　分析与思考

（1）试用位移位指令编制传输单元传送工件顺控过程的梯形图。

（2）若要求传输单元机械手装置在供料单元抓取的工件为金属工件时，直接将工件送往分拣单元；为塑料工件时，则按照供料单元→装配单元→加工单元→分拣单元运行，最后返回供料单元。传送工件的顺序功能图应如何绘制？

（3）若传输单元初态检查部分程序正确，但 PLC 上电后，按下复位按钮，发现机械手状态处于复位过程中，经过原点位置后，没有进行归零 2 动作，而是直接越程了，试分析可能的原因。

（4）若传输单元初态检查部分程序正确，但 PLC 上电后，按下复位按钮，发现机械手状态处于复位过程中，不是向原点方向运动，而是向原点相反的方向运动，试分析可能的原因。

（5）如果伺服电动机驱动抓取机械手的定位控制采用带加减速的脉冲输出指令（PLSR）实现，其程序应如何编制？

模块 3　加工单元的安装与调试

【能力目标】

（1）会分析加工单元的工作过程。

（2）能完成本单元气路的连接及调试。

（3）能完成本单元传感器的安装接线，并能正确调试。

（4）能进行程序的离线和在线调试。

（5）掌握加工（冲压）机构、加工台及滑动机构、直线导轨等机械机构的安装与调整。

（6）能在规定时间内完成加工单元的拆装与调整，根据控制要求完成程序的编制与调试，并能解决安装与运行过程中出现的问题。

【知识目标】

（1）熟悉加工单元的结构组成及工作过程。

（2）掌握薄型气缸、气动手指等气动元件的功能、特性。

（3）掌握磁性开关、光电式接近开关等传感器的结构、特点及电气接口特性。

（4）掌握用步进指令编制顺序控制程序的方法。

（5）掌握用跳转指令或主控指令进行急停控制的程序编制。

【教学重点】

气路的调整、传感器的调试、加工控制程序的编制。

【教学难点】

传感器的调试、控制程序的编制与调试运行。

3.1　加工单元的结构及工作原理

加工单元的功能是把待加工工件在加工台夹紧，移动到加工区域冲压气缸的正下方，完成对工件的冲压加工，然后把加工好的工件重新送出。

加工单元主要由加工台及滑动机构、加工（冲压）机构、电磁阀组、接线端口、传感器、PLC 模块、按钮指示灯模块等组成。其装置侧结构如图 3-1 所示。

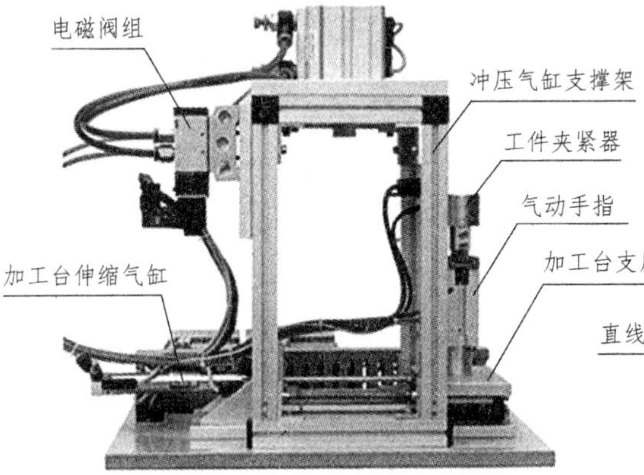

（a）左视图

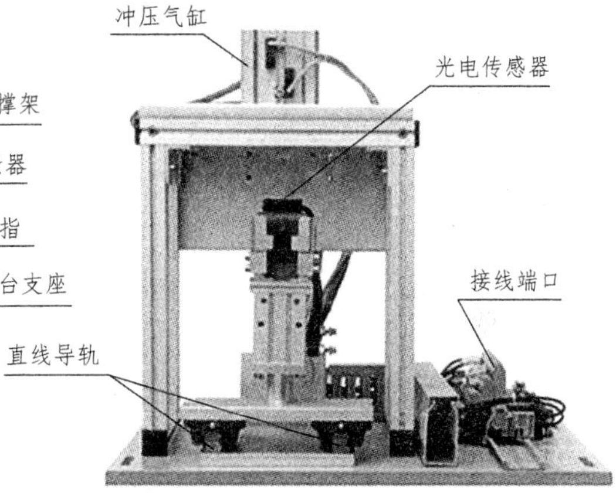

（b）正视图

图 3-1　加工单元的装置侧结构示意图

3.1.1　加工台及滑动机构

加工台及滑动机构如图 3-2 所示。加工台用于固定被加工工件，并把工件移到加工（冲压）机构正下方进行冲压加工。它主要由手爪、气动手指、加工台伸缩气缸、线性导轨及滑块、磁感应接近开关、漫射式光电传感器组成。

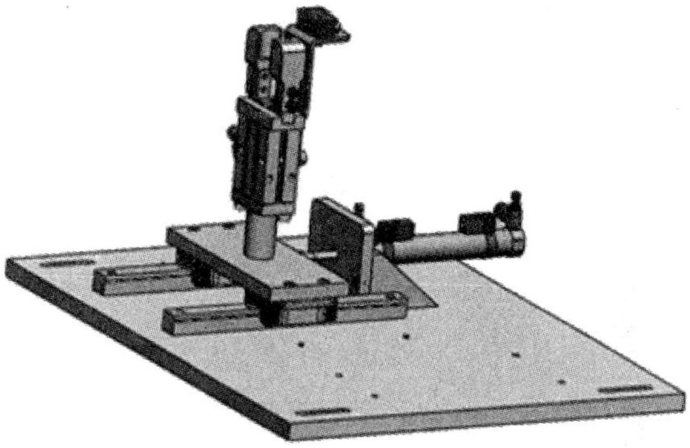

图 3-2　加工台及滑动机构

加工台及滑动机构在系统正常工作后的初始状态为加工台伸缩气缸伸出、气动手指张开，当输送机构把工件送到工作台上，当物料检测传感器检测到工件后，PLC 控制程序驱动气动手指将工件夹紧→加工台回到加工区域冲压气缸下方→冲压气缸活塞杆向下伸出冲压工件→完成冲压动作后向上缩回→加工台重新伸出→到位后气动手指松开的顺序完成工件加工工序，并向系统发出加工完成信号，为下一次工件到来加工做准备。

在加工台上安装一个漫反射式光电开关，用于检测来料情况。若加工台上没有工件，则漫反射式光电开关处于常态；若加工台上有工件，则漫反射式光电开关动作，表明加工台上已有工件。该漫反射式光电开关的输出信号送到加工单元 PLC 的输入端，用以判断加工台上是否有工件需进行加工。加工过程结束时，加工台伸出到初始位置，同时，PLC 通过通信网络，把加工完成信号回馈给系统，以协调控制。

加工台上安装 CX-441 型漫反射式光电开关。加工台伸出和返回到位的位置是通过调整加工台伸缩气缸上两个磁性开关的位置来定位的。要求缩回位置位于加工冲压头正下方，伸缩位置应与传输单元的机械手装置配合，确保传输单元的机械手装置能顺利地把待加工工件放到加工台上。

3.1.2 加工（冲压）机构

加工（冲压）机构如图 3-3 所示，主要用于对工件进行冲压加工。它主要由薄型气缸、冲压头、安装板等组成。

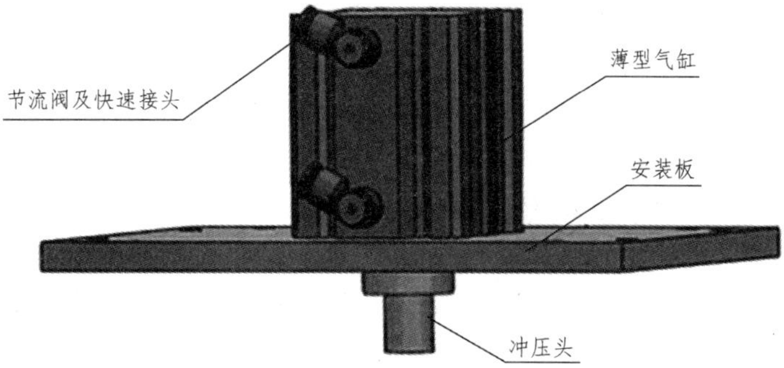

图 3-3 加工（冲压）机构

当工件到达冲压位置，即伸缩气缸活塞杆缩回到位，冲压缸伸出对工件进行加工，完成加工动作后冲压缸缩回，为下一次冲压做准备。

冲压头根据工件的要求对工件进行冲压加工，冲压头安装在冲压气缸头部。安装板用于安装冲压气缸，对冲压气缸进行固定。

3.2 相关知识点

3.2.1 直线导轨介绍

直线导轨副通常按照滚珠在导轨和滑块之间的接触类型进行分类，主要有两列式和四列式两种。以两列式直线导轨副为例，其接触角在运动中能保持不变，刚性也比较稳定。图 3-4（a）给出了导轨副的截面示意图，图 3-4（b）是装配好的直线导轨副。

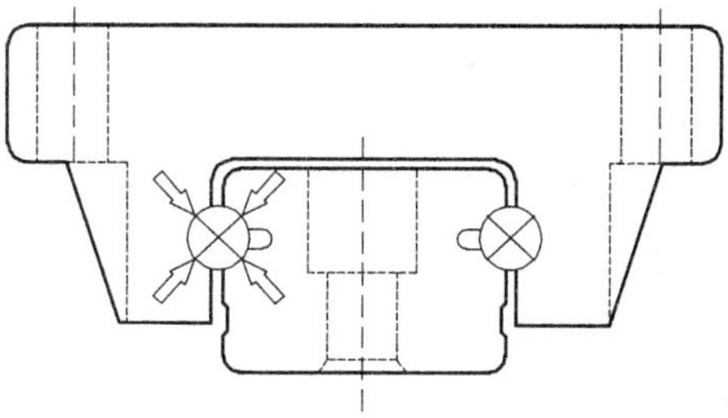

（a）直线导轨副截面

（b）装配好的直线导轨副

图 3-4　两列式直线导轨副

安装直线导轨副时应注意：

（1）要小心轻拿轻放，避免磕碰以影响导轨副的直线精度。

（2）不要将滑块拆离导轨或超过行程又推回去。

加工台滑动机构由两个直线导轨副和导轨构成，安装滑动机构时要注意调整两条直线导轨的平行度。移动料台及滑动机构组件的安装方法将在“加工单元的拆装与调试”中讨论。

3.2.2　加工单元的气动元件

加工单元所使用的气动元件包括标准直线气缸、薄型气缸和气动手指，直线气缸前面已介绍，接下介绍薄型气缸和气动手指。

1. 薄型气缸

薄型气缸属于省空间气缸类，即气缸的轴向或径向尺寸比标准气缸有较大减小的气缸。具有结构紧凑、重量轻、占用空间小等优点。图 3-5 是薄型气缸的实例图。

（a）外形

（b）剖视图

图 3-5　薄型气缸的实例

薄型气缸的特点是：缸筒与无杆侧端盖压铸成一体，杆盖用弹性挡圈固定，缸体为方形。这种气缸通常用于固定夹具和在搬运中固定工件等。在自动生产线的加工单元中，薄型气缸用于冲压，这里主要利用了该气缸行程短的特点。

2. 气动手指

气动手指又称为手指气缸，俗称气爪，用于抓取、夹紧工件。气动手指通常有滑动导轨型、支点开闭型和回转驱动型等工作方式。自动生产线的加工单元所使用的是滑动导轨型气动手指，如图 3-6（a）所示。其工作原理示意如图 3-6（b）、（c）所示。

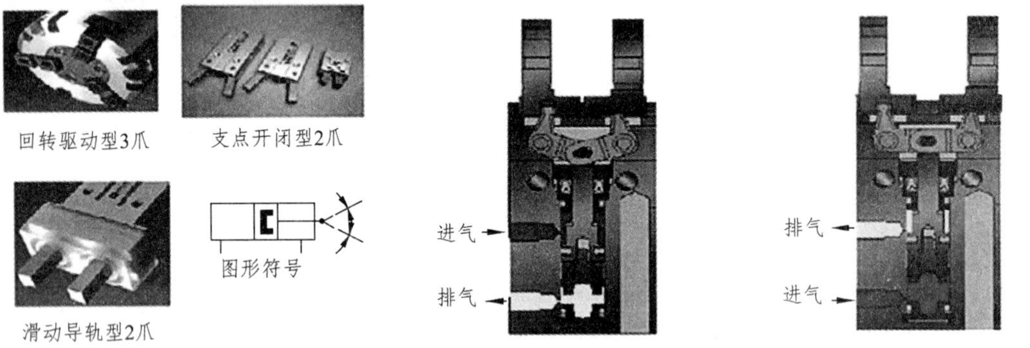

（a）实例及图形符号　　（b）气动手指夹紧过程　　（c）气动手指松开过程

图 3-6　气动手指实物和工作原理

3. 气动控制回路原理图

加工单元的气动系统主要由气源、气动汇流排、气缸、单电控二位五通换向阀、单向节流阀、消声器、快速接头和气管等组成，它们的主要作用是完成工件的夹紧和放松、加工台伸出和缩回，以及冲压头的冲压和提起。加工单元气动控制回路原理如图 3-7 所示。图中，1A、

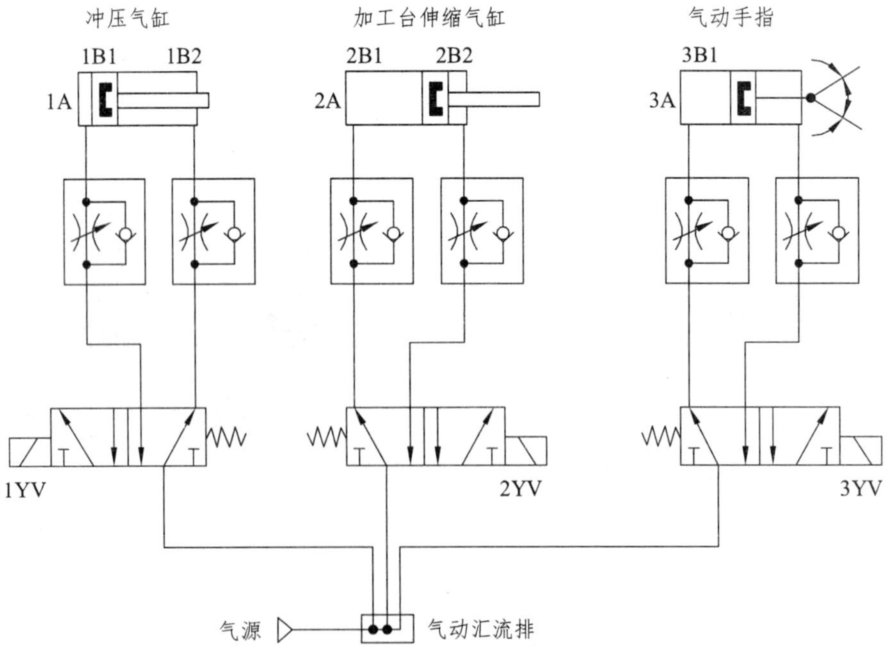

图 3-7　加工单元气动控制回路原理图

2A 和 3A 分别为冲压气缸、加工台伸缩气缸和气动手指。1B1 和 1B2 为安装在冲压气缸的两个工作位置的磁性开关，2B1 和 2B2 为安装在加工台伸缩气缸的两个工作位置的磁性开关，3B1 为安装在气动手指工作位置的磁性开关。1YV、2YV 和 3YV 分别为控制冲压气缸、加工伸缩气缸和气动手指的单电控二位五通电磁换向阀。

3.3　加工单元的装配与调试

3.3.1　项目目标

（1）将加工单元的机械部分拆开成组件和零件的形式，学会正确使用拆装工具。

（2）将组件和零件安装成原样，掌握加工单元的正确安装步骤、调整方法与技巧。

（3）学会机械部分的装配、气路的连接与调整及电气接线。

1. 加工单元装置侧的拆卸

（1）松开底板紧固螺钉，拆下总进气气管，将加工单元搬离设备到拆装工作台。

（2）拆卸气路、电磁阀组。

（3）依次拆卸接线端子及端子上的导线、端子卡座、线槽、底座等。

（4）将加工单元机械部分拆成组件。

（5）将各组件拆成散件，并将拆卸下的零配件整理整齐。

2. 安装步骤和方法

1）机械部分安装

加工单元的装配过程包括两部分：一是加工机构组件装配，其装配过程如图 3-8 所示；二是加工台及滑动机构组件装配，其装配过程如图 3-9 所示。然后进行总装，整个加工单元的安装如图 3-10 所示。

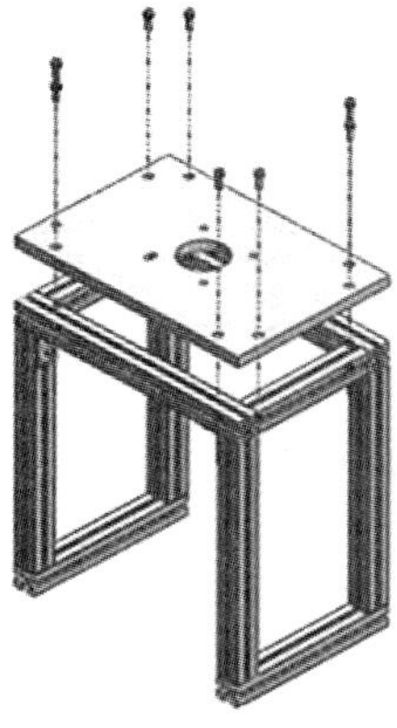

（a）支撑架的装配

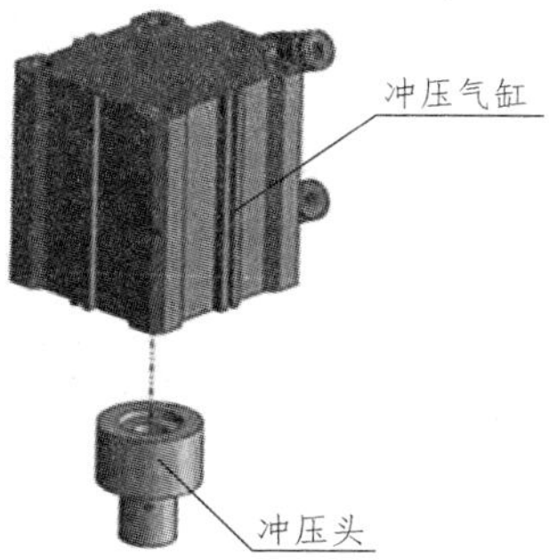

（b）冲压气缸及冲压头的装配

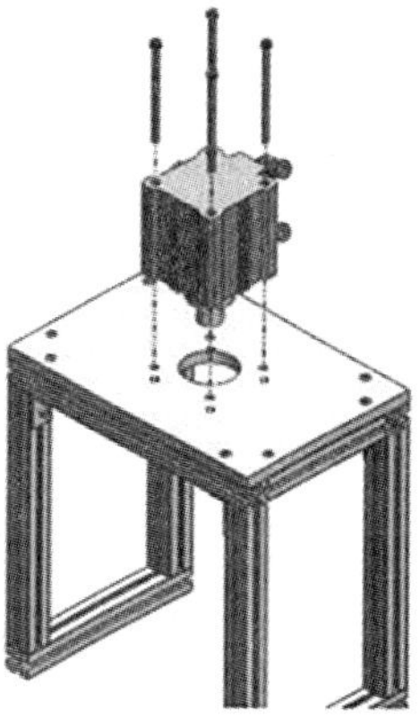

（c）加工机构安装到支撑架上

图 3-8　加工机构组件的装配

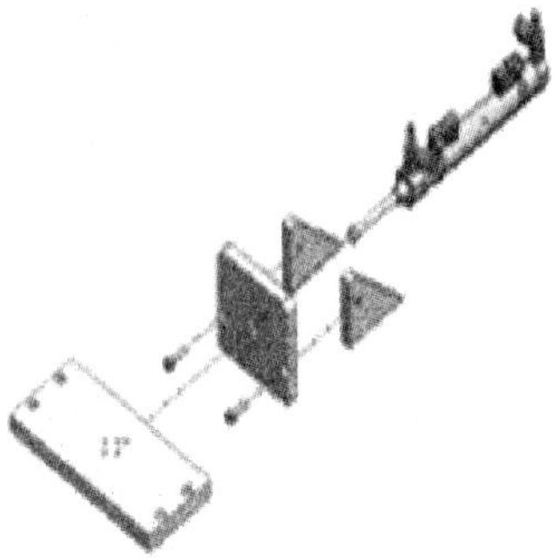

（a）伸缩台的安装

（b）夹紧机构的装配

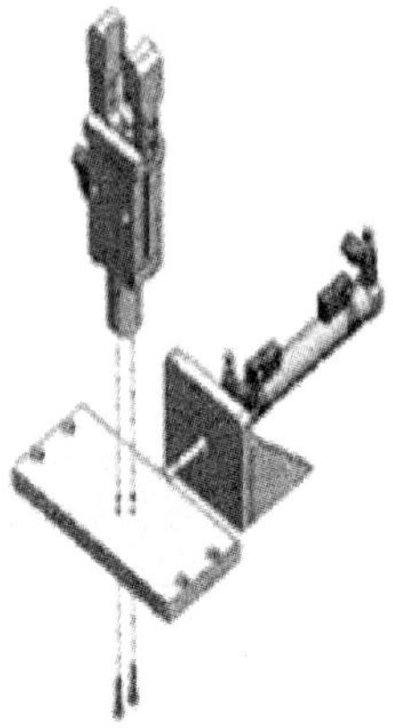

（c）夹紧机构安装到伸缩台上

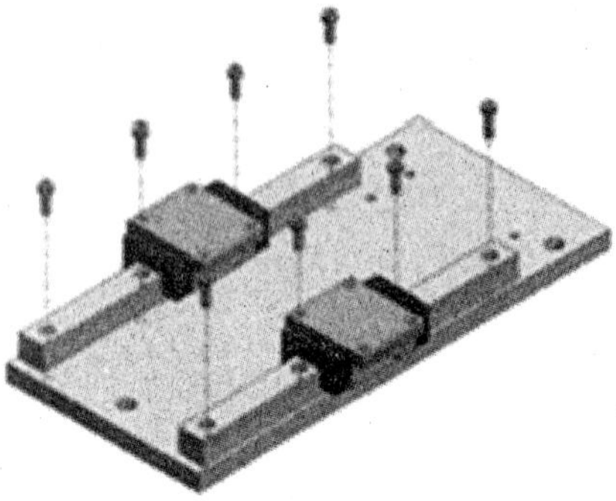

（d）直线导轨的安装

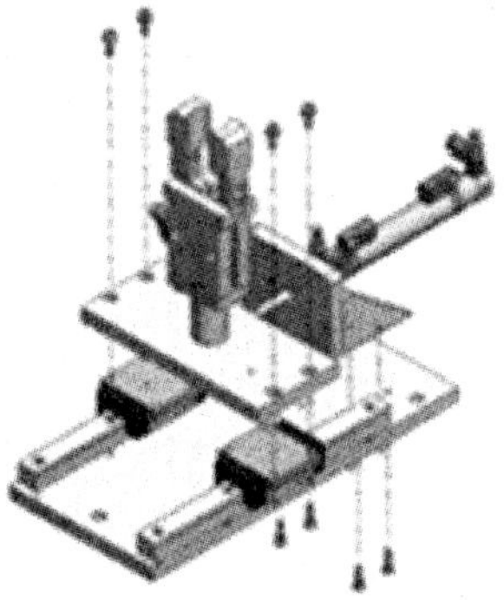

（e）加工台及滑动机构的安装

图 3-9　加工台及滑动机构组件的装配

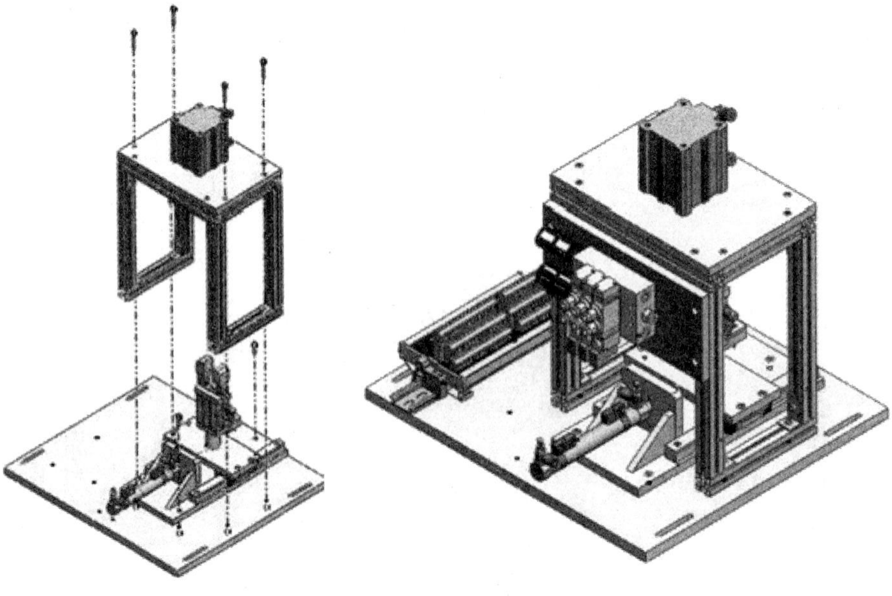

图 3-10　加工单元的安装

在完成以上各组件的装配后，首先将物料夹紧及运动送料部分和整个安装底板连接固定；然后将铝合金支架安装在大底板上；最后将加工组件部分固定在铝合金支撑架上，完成该单元的装配。

2）机械部分安装时的注意事项

（1）调整两直线导轨的平行度时，要一边移动安装在两导轨上的安装板，一边拧紧固定导轨的螺栓。

（2）如果加工组件部分的冲压头和加工台上的工件中心没有对正，可以通过调整推料气缸旋入两导轨连接板的深度来进行对正。

3.3.2　气动元件（气路）连接

气路系统安装时应注意以下几点：

（1）注意电磁阀工作口与执行元件工作口的连接要正确，以免产生相反的动作而影响正常操作。

（2）气管与快速接头插拔时，按压快速接头伸缩件要注意用力均匀，避免硬拉造成接头损坏。

（3）气管系统安装完毕后应注意冲压气缸、加工台伸缩气缸和气动手指的初始位置，位置不对时应进行调整。

1. 气路调试

加工单元气路系统的调试主要是针对气动元件的运行情况进行的，其调试方法是通过手动控制单电控换向阀，观察各气动执行元件的动作情况。气动执行元件运行过程中检查各管路的连接处是否有漏气现象，是否存在气管不畅通现象。同时，通过对各单向节流阀的调整来获得稳定的气动执行元件运行速度。

2. 传感器的安装

1）磁性开关的安装

加工单元有 3 个气动执行元件，即冲压气缸、加工台伸缩气缸和气动手指，分别由 5 个磁性开关作为气动执行元件的极限位置检测元件。磁性开关的安装方法与供料单元中磁性开关的安装方法相同，在此不再赘述。

2）光电式接近开关的安装

加工单元中光电式接近开关主要用于加工台物料检测。光电式接近开关的安装方法与供料单元中光电式接近开关的安装方法相同，在此不再赘述。

3）传感器安装时的注意事项

（1）磁性开关安装时应注意位置和紧固可靠。

（2）光电式接近开关安装时应注意安装位置的调整和接线的颜色。

（3）光电式接近开关的灵敏度调整要适度。

3. 装置侧电气接线及工艺要求

电气接线包括在加工单元装置侧完成各传感器、电磁阀等引线到装置侧接线端口之间的接线。该单元装置侧的接线端口的接线端子采用三层端子结构，如图 3-11 所示。

图 3-11 装置侧接线端口

1）磁性开关的接线

磁性开关为两线式传感器，连线时 5 个磁性开关（3B1、2B2、2B1、1B1、1B2）的棕色线分别与加工单元装置侧输入端口中间层 3、4、5、6、7 号端子（见表 3-1）连接，蓝色线分别与该端口下层相应端子相连。

2）光电式接近开关的接线

光电式接近开关为三线式传感器，连线时光电传感器 SC1 的黑色线与加工单元装置侧输入端口中间层 2 端子（见表 4-1）连接，褐色线与该端口上层相应端子连接，蓝色线与该端口下层相应端子相连。

3）电磁阀的接线

电磁阀对外引出两根线，连线时 3 个电磁阀（3YV、2YV、1YV）的蓝色线分别与加工单元装置侧输出端口中间层 2、4、5 号端子（见表 3-1）连接，红色线分别与该端口上层相应端子连接。

表 3-1 加工单元装置侧接线端口信号端子的分配

输入端口中间层			输出端口中间层		
端子号	设备符号	信号线	端子号	设备符号	信号线
2	SC1	加工台物料检测	2	3YV	夹紧电磁阀
3	3B1	工件夹紧检测	3		
4	2B2	加工台伸出到位	4	2YV	伸缩电磁阀
5	2B1	加工台缩回到位	5	1YV	冲压电磁阀
6	1B1	加工压头上限			
7	1B2	加工压头下限			
8～17 号端子没有连接			6～14 号端子没有连接		

4. 检查调试

（1）调整气动部分，检查气路是否正确、气压是否合理、气缸的动作速度是否合理。

（2）检查磁性开关的安装位置是否到位，磁性开关工作是否正常。

（3）检查各传感器安装是否合理、灵敏度是否合适，确保检测的可靠性。

5. 分析与思考

（1）按上述方法装配完成后，若直线导轨的运动依旧不是特别顺畅，应该对加工台及滑动机构组件作何调整？

（2）安装完成后，若运行时间不长便造成物料夹紧及运动送料部分的直线气缸密封损坏，这种情况可能是由哪些原因造成的？

3.4 加工单元的编程与调试

3.4.1 工作任务

本任务只考虑加工单元作为独立设备运行时的情况，按钮指示灯模块上的工作方式选择开关应置于“单站方式”位置。

1. 控制要求

（1）初始状态：设备上电和气源接通后，滑动加工台伸缩气缸处于伸出位置，加工台气动手指处于松开状态，冲压气缸处于缩回位置，急停开关没有按下。

若设备在上述初始状态，则 “正常工作”指示灯 HL1 常亮，表示设备准备好。否则，该指示灯以 1 Hz 的频率闪烁。

（2）设备准备好后，按下起动按钮，设备启动，“设备运行”指示灯 HL2 常亮。当待加工工件送到加工台上并被检出后，设备执行将工件夹紧，送往加工区域冲压，完成冲压动作后返回待料位置的工件加工工序。如果没有停止信号输入，当新的待加工工件送到加工台上时，加工单元又开始下一周期工作。

（3）在工作过程中，若按下停止按钮，加工单元在完成本周期的动作后停止工作，HL2 指示灯熄灭。当急停开关被按下时，本单元所有机构应立即停止运行，HL2 指示灯以 1 Hz 的频率闪烁。急停解除后，从急停前的断点开始继续运行，HL2 恢复常亮。

2. 要求完成的任务

（1）分配 I/O 地址，绘制接线图。

（2）进行系统安装和接线。

（3）按照控制要求编写 PLC 控制程序。

（4）程序调试与运行。

3.4.2 PLC 的 I/O 分配与接线图

1. I/O 分配表（见表 3-2）

表 3-2 加工单元 PLC 的 I/O 信号分配

输入信号				输出信号			
序号	PLC 输入点	信号名称	信号来源	序号	PLC 输出点	信号名称	信号来源
1	X000	加工台物料检测	装置侧	1	Y000	夹紧电磁阀	装置侧
2	X001	工件夹紧检测		2	Y001		
3	X002	加工台伸出到位		3	Y002	加工台伸缩电磁阀	
4	X003	加工台缩回到位		4	Y003	冲压电磁阀	
5	X004	加工压头上限		5	Y004	—	—
6	X005	加工压头下限	—	6	Y005	—	—
7	X006	—	—	7	Y006	—	—
8	X007	—	—	8	Y007	正常工作指示	按钮/指示灯
9	X010	—	—	9	Y010	运行指示	
10	X011	—	—	10	Y011	报警指示	
11	X012	停止按钮	按钮/指示灯				
12	X013	启动按钮					
13	X014	急停开关					
14	X015	单站/全线转换开关					

2. I/O 接线图

根据分拣单元 I/O 信号点数及工作任务的要求，该单元 PLC 选用三菱 FX_{3U}-48MT，为 24 点输入和 24 点晶体管输出型。接线图如图 3-12 所示。

3.4.3 PLC 的安装与接线

首先将 PLC 安装在导轨上，然后进行 PLC 侧接线，包括电源接线、PLC 输入/输出端子的接线，以及按钮指示灯模块的接线 3 个部分。

根据图 3-12，将 PLC 输入端的 L、N 端与交流电源的相线和中性线连接，S/S、0V 端与直流电源+24 V 和 0 V 连接，在进行 PLC 输入/输出端子接线时，PLC 侧部分接线端子排为双层两列端子（见图 3-11），左边较窄的一列主要接 PLC 的输出端口，右边较宽的一列接 PLC 的输入端口。两列中的下层分别接直流电源+24 V 和 0 V。左列上层接 PLC 的输出信号端子，右列上层接 PLC 的输入信号端子。按钮指示灯模块中的按钮、选择开关、急停开关接线端子分别连接至 PLC 的输入端子，信号指示灯端子接至 PLC 的输出端子。

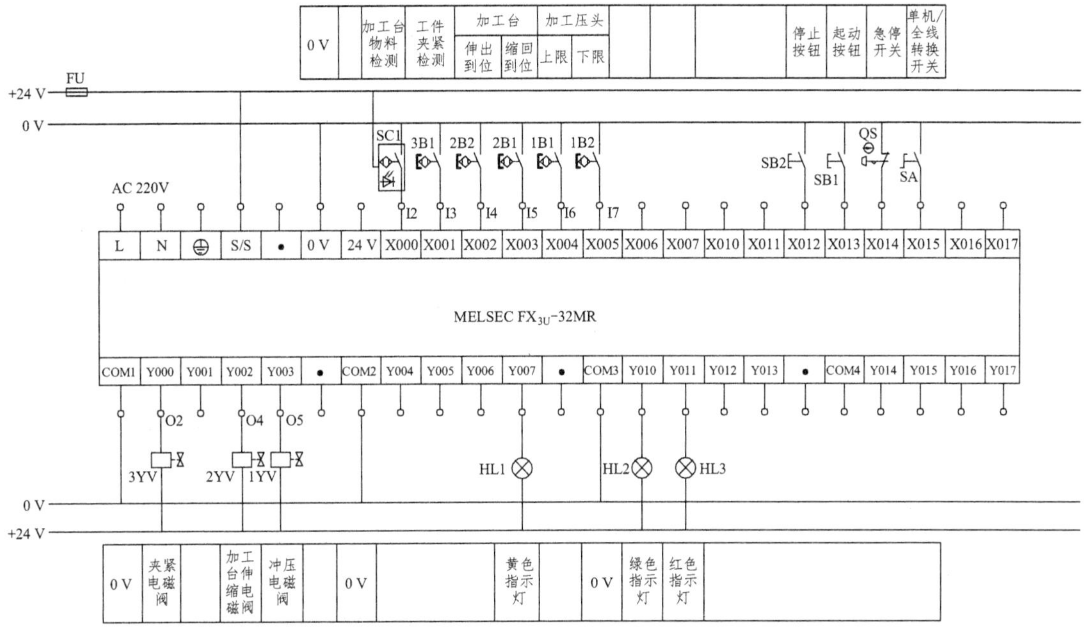

图 3-12　加工单元 PLC 的 I/O 接线图

在进行 PLC 接线时，一定要参照表 3-1 和图 3-12。PLC 侧输入、输出端口的上层端子与装置侧输入、输出端口的中间层端子的编号是一一对应的。接线完成后，用多芯信号电缆将加工单元装置侧输入、输出端。PLC 输出点连接感性负载时，与该单元 PLC 侧输入、输出端口互连。

PLC 接线时应注意以下几点。

（1）PLC 接线应使用合适的导线及接线护套。

（2）PLC 的 I/O 接线要与动力线可靠隔离。

（3）PLC 的每个电气连接点上的连线应不超过 2 根。

（4）PLC 的 I/O 点与外部器件连接时要使用接线端子过渡。

（5）PLC 连接负载时要配备浪涌保护电路。

3.5　PLC 程序的编制

加工单元工作流程与供料单元类似，也是 PLC 上电后首先进入初始状态检查阶段，确认系统已经准备就绪后，才允许接收启动信号投入运行。但加工单元工作任务中增加了急停功能。为了使急停发生后，系统停止工作且保持状态，以便急停复位后能从急停前的断点开始继续运行，可以采用两种方法：一种用条件跳转（CJ）指令实现，另一种是用主控指令实现。

（1）用条件跳转指令实现急停信号处理的程序如图 3-13 所示。图中，当急停开关按下时，X014 为“OFF”，跳转指令执行条件满足，程序跳转到指令所指定的指针标号 P1 开始执行。安排在跳转指令后面的步进顺控程序段被跳转而不再执行。急停开关未按下时，X014 为“ON”，程序按顺序执行，直到主程序结束指令“FEND”为止。

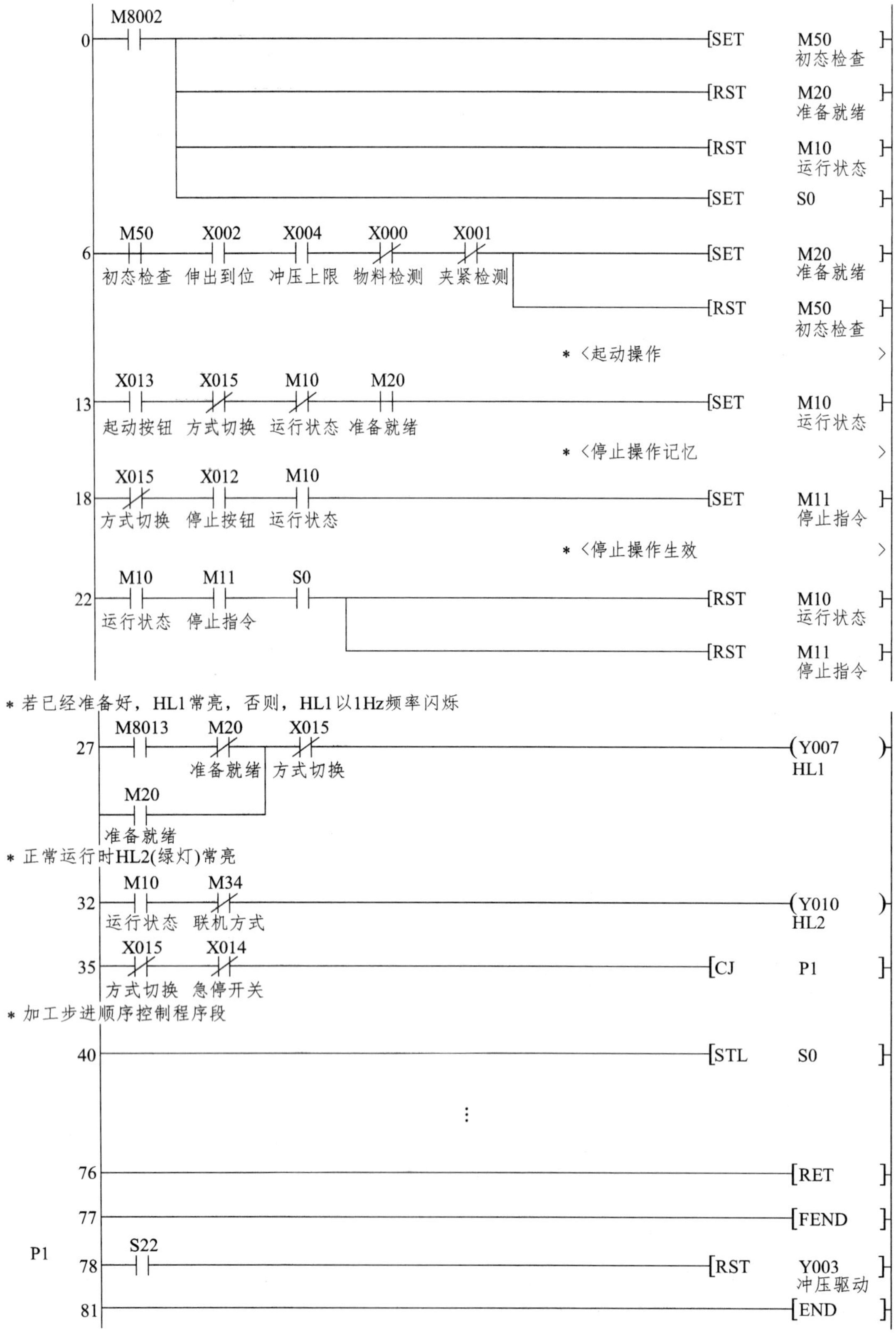

图 3-13 用条件转移指令实现急停处理的程序

（2）用主控指令实现急停信号处理的程序如图 3-14 所示，程序主体控制部分放在主控指令中执行，即放在 MC（主控）和 MCR（主控复位）指令间。图中，当急停开关未按下时，X014 为“ON”（急停开关使用常闭触点），主控块内的步进顺控程序被执行。反之，当急停开关按下时，X014 为“OFF”，主控块内的程序停止执行，但正在活动状态的工步，其 S 元件则保持置位状态，顺控内部的元件现状保持的有：积算型定时器、计数器、用置位和复位指令驱动的元件。变成断开的元件有：通用型（非积算）定时器、用 OUT 指令驱动的元件。这样，当急停开关复位后，设备将从急停前的断点开始继续运行。MC、MCR 指令的具体使用方法和其他注意事项请参考 FX_{3U} 系列 PLC 编程手册。

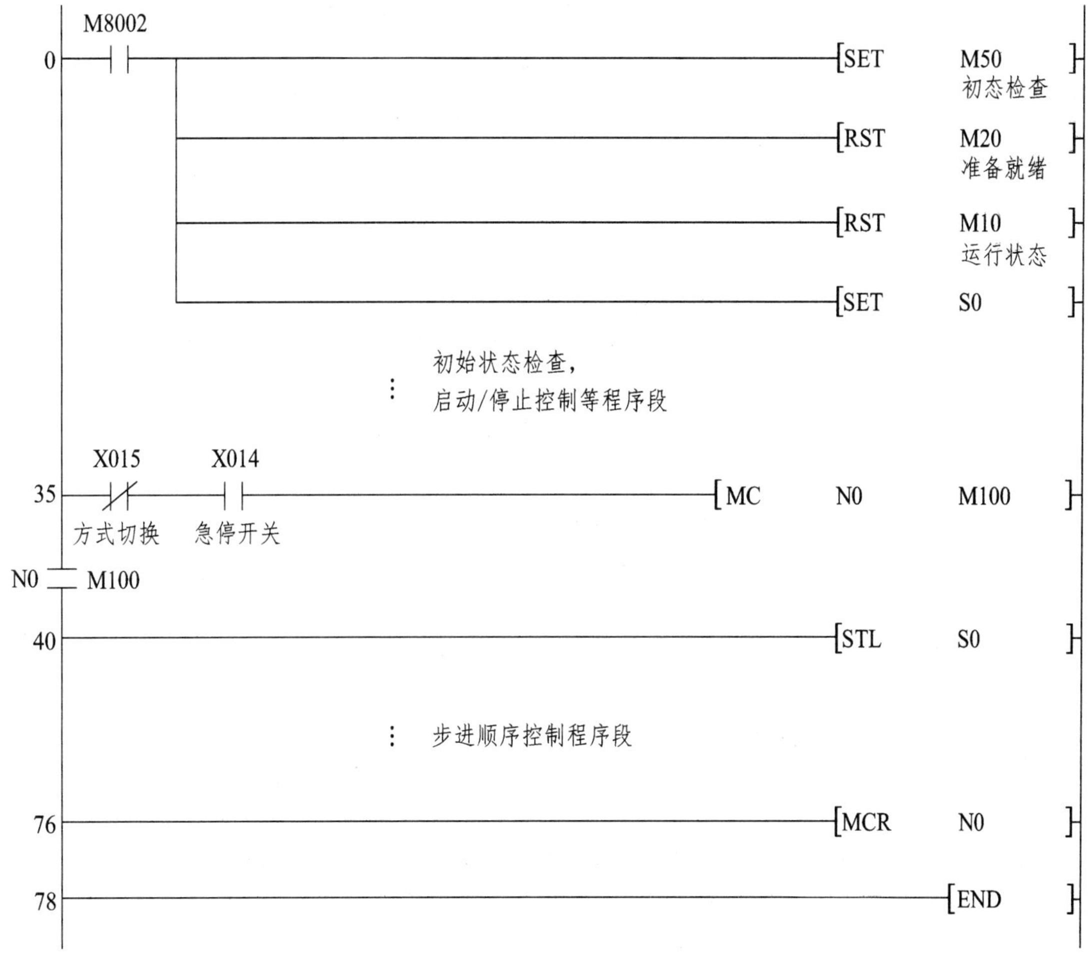

图 3-14　用主控指令实现急停处理的程序

程序中加工控制部分的顺序功能如图 3-15 所示。

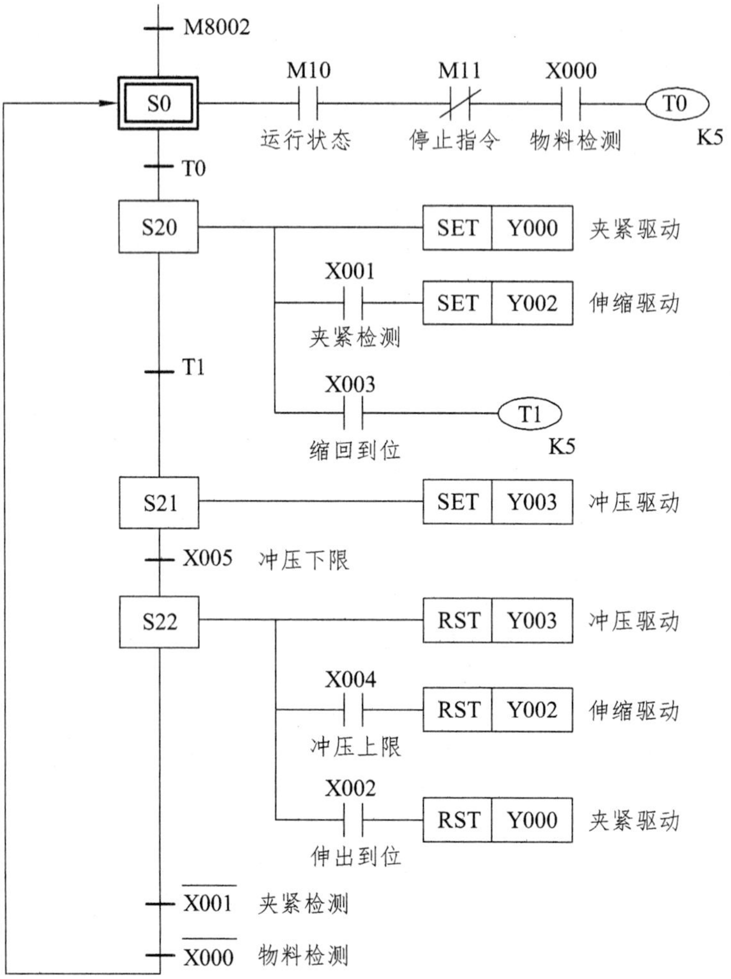

图 3-15 加工控制顺序功能图

3.6 调试与运行

（1）调整气动部分，检查气路是否正确，气压是否合理，气缸的动作速度是否合理。

（2）检查磁性开关的安装位置是否到位，磁性开关工作是否正常。

（3）检查 I/O 接线是否正确。

（4）检查光电传感器安装是否合理，距离设定是否合适，保证检测的可靠性。

（5）按钮/指示灯的功能测试。

（6）气动元件的功能测试。

（7）运行程序检查动作是否满足任务要求。

3.7　分析与思考

（1）总结检查气动连线、传感器接线、I/O 检测及故障排除方法。

（2）如果用位移位指令实现加工过程的顺序控制，程序应如何编制？

（3）如果在加工过程中出现意外情况应如何处理？

（4）总结加工单元各种可能出现的问题。

模块 4　装配单元的安装与调试

【能力目标】

（1）会分析装配单元的工作过程。

（2）能进行本单元气路的连接及调试。

（3）会进行本单元传感器的安装接线，并能正确调试。

（4）能进行程序的离线和在线调试。

（5）会落料机构、回转物料台、装配机械手等机械机构的安装与调整。

（6）能在规定时间内完成装配单元的拆装与调整，根据控制要求完成程序的编制与调试，并能解决安装与运行过程中出现的问题。

【知识目标】

（1）熟悉装配单元的结构组成及工作过程。

（2）掌握气动摆台、导向气缸等气动元件的功能、特性。

（3）掌握磁性开关、光电传感器、光纤接近开关等传感器的结构、特点及电气接口特性。

（4）掌握用步进指令编制顺序控制程序的方法。

（5）掌握用跳转指令或主控指令进行急停控制的程序编制。

【教学重点】

气路的调整、传感器的调试、装配控制程序的编制。

【教学难点】

传感器的调试、控制程序的编制与调试运行。

4.1 装配单元的组成及工作过程

装配单元的功能是完成该单元料仓内的金属、塑料黑色或白色小圆柱芯体嵌入放置在装配料斗的待装配工件中的装配过程。

装配单元主要由管形料仓、落料机构、回转物料台、装配机械手、装配台料斗、气动系统及电磁阀组、传感器、警示灯、接线端口、用于其他机构安装的铝型材支架、PLC 模块、按钮/指示灯模块等组成。其装置侧机械装配图如图 4-1 所示。

4.1.1 管形料仓

管形料仓用来存储装配用的金属、黑色和白色小圆柱芯体。它由塑料圆管和中空底座构成。塑料圆管顶端放置加强金属环，以防止破损。芯体竖直放入料仓的空心圆管内，由于二者之间有一定的间隙，芯体能在重力作用下自由下落。

为了能在料仓供料不足和缺料时报警，在塑料圆管底部和底座处分别安装了 2 个漫反射光电传感器（CX-441 型），并在料仓塑料圆柱上纵向铣槽，以使光电传感器的红外光斑能可靠照射到被检测的物料上，如图 4-1 所示。光电传感器的距离调节方式应以 BGS 方式为宜。

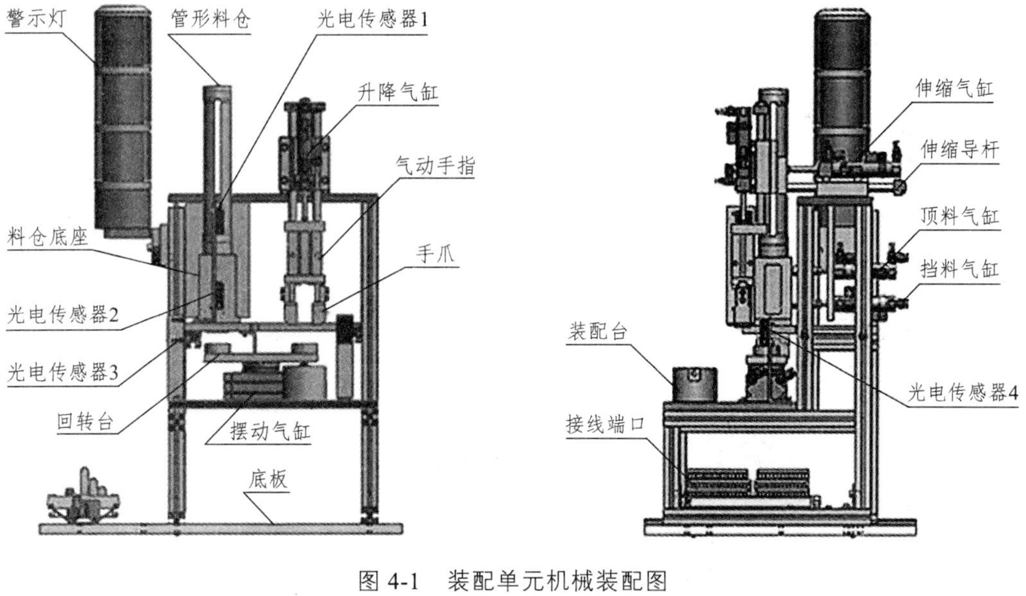

图 4-1 装配单元机械装配图

4.1.2 落料机构

图 4-2 给出了落料机构的剖视图。图中，料仓底座的背面安装了两个直线气缸。上面的气缸被称为顶料气缸，下面的气缸被称为挡料气缸。

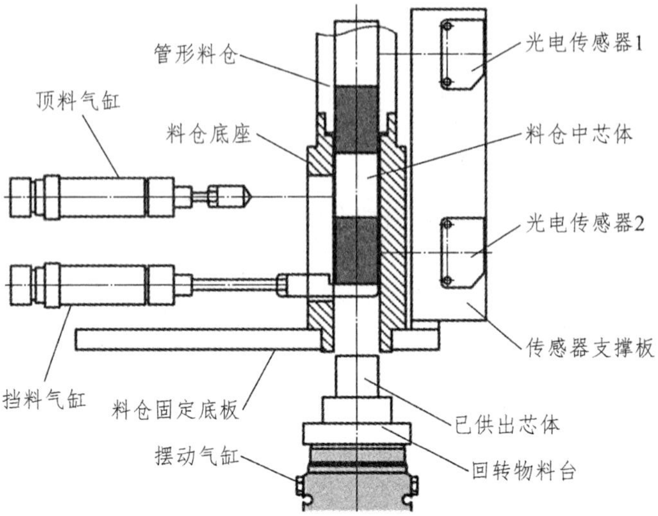

图 4-2　落料机构剖视图

系统气源接通过后，顶料气缸的初始状态为缩回状态，挡料气缸的初始状态为伸出状态。当从管形料仓上面放下工件时，工件将被挡料气缸活塞杆终端的挡块阻挡而不落下。

需要进行落料操作时，首先使顶料气缸伸出，把次下层的工件夹紧，然后挡料气缸缩回，工件掉入回转物料台的料盘中。之后挡料气缸复位伸出，顶料气缸缩回，次下层工件跌落到挡料气缸活塞杆终端的挡块上，为再一次落料做准备。

4.1.3　回转物料台

该机构由气动摆台和两个料盘组成，气动摆台能驱动料盘旋转 180°，从而实现把从供料机构落下到料盘的芯体移动到装配机械手正下方的功能，如图 4-3 所示。图中的光电传感器 3 和光电传感器 4 分别用来检测左和右料盘是否有芯体。两个光电传感器均选用 CX-441 型。

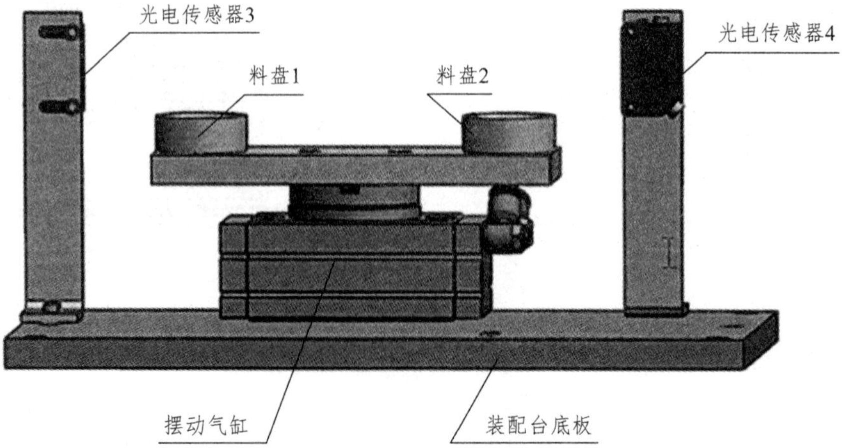

图 4-3　回转物料台的结构

4.1.4 装配机械手

装配机械手是整个装配单元的核心。当装配机械手正下方的回转物料台料盘上有小圆柱芯体，且装配台料斗侧面的光纤传感器检测到装配台料斗有待装配工件的情况下，机械手从初始状态开始执行装配操作过程。

装配机械手装置是一个三维运动的机构，它由水平方向移动和竖直方向移动的 2 个导向气缸和气动手指组成，其结构组成如图 4-4 所示。

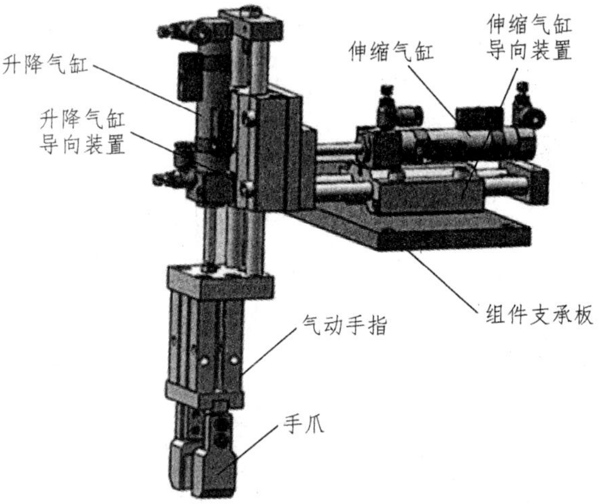

图 4-4 装配机械手

装配机械手的运行过程如下：

PLC 驱动与升降气缸（竖直移动气缸）相连的电磁换向阀动作，由升降气缸驱动气动手指向下移动，到位后，气动手指驱动手爪夹紧物料（芯体），并将夹紧信号通过磁性开关传送给 PLC，在 PLC 控制下，升降气缸复位，被夹紧的物料随气动手指一并提起，离开回转物料台的右料盘，当提升到最高位后，伸缩气缸（水平移动气缸）在与之对应的换向阀的驱动下，活塞杆伸出，移动到气缸前端位置后，升降气缸再次被驱动下移，移动到最下端位置，气动手指松开，经短暂延时，升降气缸提升，提升到位后，伸缩气缸缩回，机械手恢复至初始状态。

在整个装配机械手动作过程中，除气动手指松开到位无传感器检测外，其余动作的到位信号检测均采用与气缸配套的磁性开关，将采集到的信号输入 PLC，由 PLC 输出信号驱动电磁阀换向，使由气缸及气动手指组成的装配机械手按程序自动运行。

4.1.5 装配台料斗

传输单元运送来的待装配工件直接放置在装配台料斗中，由料斗定位孔与工件之间较小的间隙配合实现定位，从而实现准确的装配动作和定位精度。装配台料斗与回转物料台组件共用支承板，如图 4-5（a）所示。

为了确定装配台内是否放置了待装配工件，使用光纤传感器进行待装配工件检测。料斗的侧面开了一个 M6 的螺孔，光纤传感器的光纤头就固定在螺孔内，如图 4-5（b）所示。

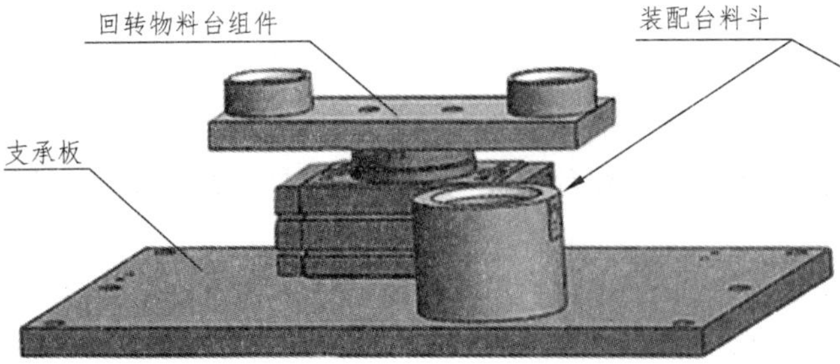

（a）装配台料斗和回转物料台

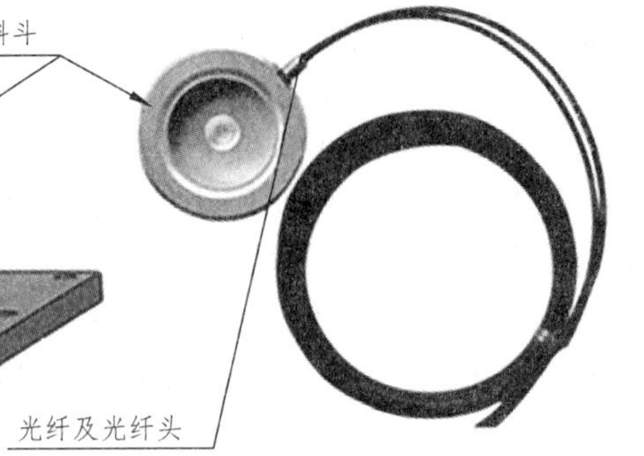

（b）安装有光纤头的装配台料斗

图 4-5 装配台料斗

4.1.6 电磁阀组

装配单元电磁阀组由 6 个单电控二位五通换向阀组成，如图 4-6 所示，这些电磁阀分别对落料、位置变换和装配动作的气路进行控制，以改变各自动作状态。

图 4-6 装配单元的电磁阀组

4.1.7 警示灯

本工作单元上安装有红、橙、绿三色警示灯，它是作为整个系统警示用的。警示灯有五根引出线，其中黄绿交叉线为“地线”；红色线为红色灯控制线；黄色线为橙色灯控制线、绿色线为绿色灯控制线；黑色线为信号灯公共控制线。警示灯的接线如图 4-7 所示。

（a）警示灯实物

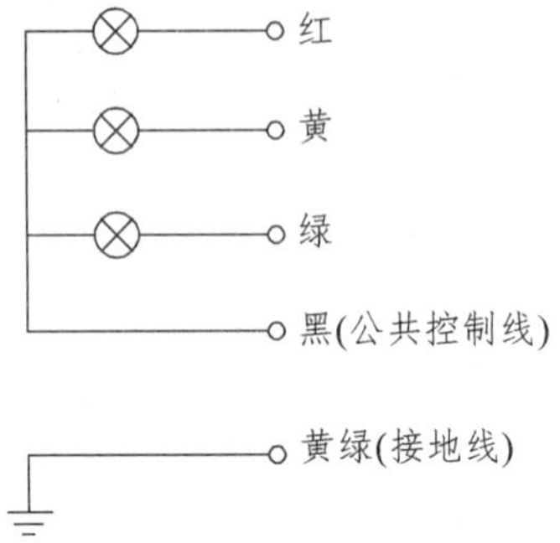

（b）警示灯接线原理图

图 4-7 警示灯及其接线

4.2　装配单元的气动元件

装配单元所使用气动元件包括标准直线气缸、气动手指、气动摆台和导向气缸，前两种气动元件在前面的章节中已叙述，本节只介绍气动摆台和导向气缸。

4.2.1　气动摆台

回转物料台的主要器件是气动摆台，它是由直线气缸驱动齿轮齿条实现回转运动，回转角度能在 0 ~ 90°或 0 ~ 180°任意可调，而且可以安装磁性开关，检测旋转到位信号，多用于方向和位置需要变换的机构，如图 4-8 所示。

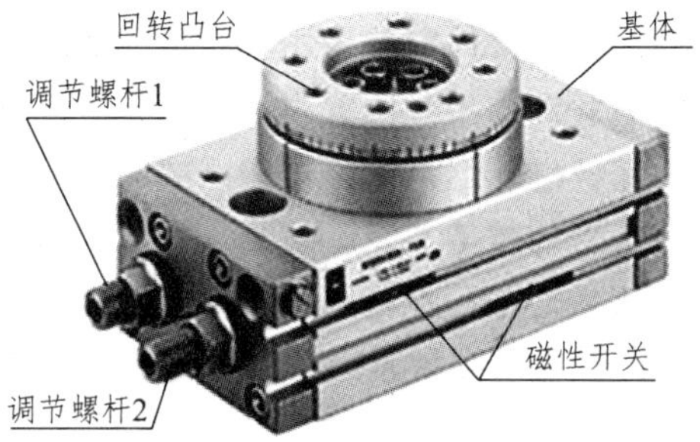

（a）实物图

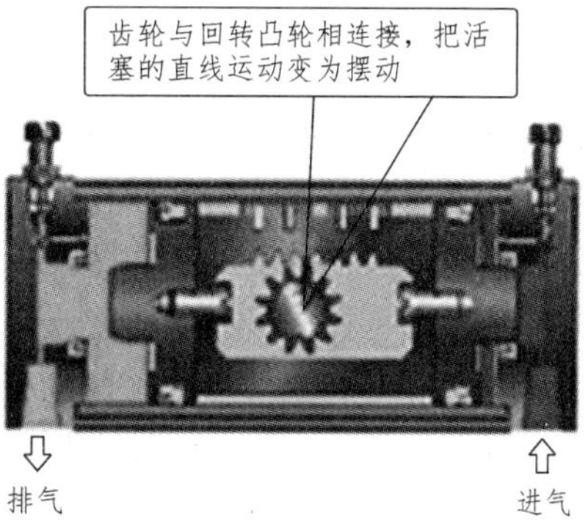

（b）工作原理示意图

图 4-8　气动摆台

本单元气动摆台的摆动回转角度能在 0 ~ 180° 任意可调。当需要调节回转角度或调整摆动位置精度时，可分别通过调节螺杆 1 和调节螺杆 2 实现。

需要说明的是，调节螺杆 1 和调节螺杆 2 分别用于左旋和右旋角度的调整。当调整好摆动角度后，应将反扣螺母与基体反扣锁紧，防止调节螺杆松动，造成回转精度降低。

回转到位的信号是通过调整气动摆台滑轨内的 2 个磁性开关的位置实现的，图 4-9 是调整磁性开关位置的示意图。磁性开关安装在气缸体的滑轨内，松开磁性开关的紧定螺钉，磁性开关就可以沿着滑轨左右移动。确定开关位置后，旋紧紧定螺钉，即可完成位置的调整。

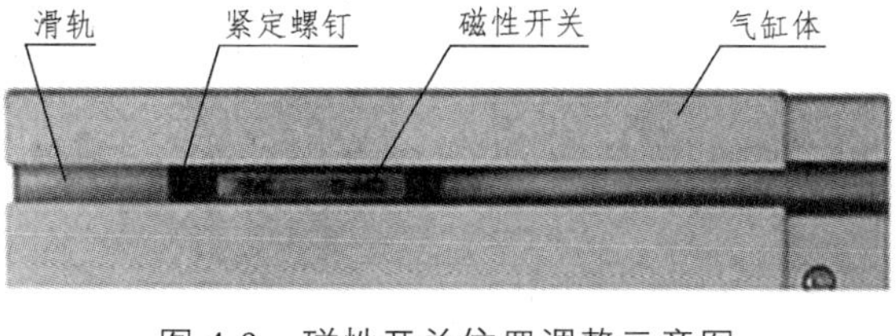

图 4-9　磁性开关位置调整示意图

4.2.2　导向气缸

导向气缸是指具有导向功能的气缸。一般为标准气缸和导向装置的组合体。导向气缸具有导向精度高，抗扭转力矩大、承载能力强、工作平稳等特点。装配单元用于驱动装配机械手水平方向移动的导向气缸外形如图 4-10 所示，该气缸由直线运动气缸带双导杆和其他附件组成。

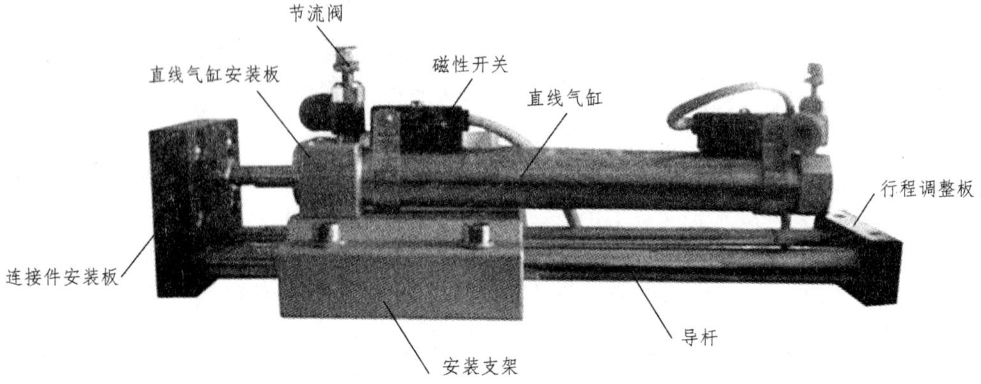

图 4-10 导向气缸的构成

安装支座用于导杆的安装和导向气缸整体的固定。连接件安装板用于固定其他需要连接到该导向气缸上的物件，并将两导杆和标准直线气缸活塞杆的相对位置固定。当标准直线气缸的一端接通压缩空气后，活塞被驱动做直线运动，活塞杆也一起移动，被连接件安装板固定到一起的两导杆也随活塞杆伸出或缩回，从而实现导向气缸的整体功能。安装在导杆末端的行程调整板用于调整该导向气缸的伸出行程。具体调整方法是松开行程调整板上的紧定螺栓，让行程调整板在导杆上移动，当达到理想的伸出距离以后，再完全锁紧紧定螺栓，完成行程的调节。

4.2.3 气动控制回路原理图

装配单元的气动系统主要由气源、气动汇流排、气缸、单电控二位五通换向阀、单向节流阀、消声器、快速接头和气管等组成，它们的主要作用是完成芯体的落料、芯体抓取及工件装配。装配单元气动控制回路原理如图 4-11 所示。

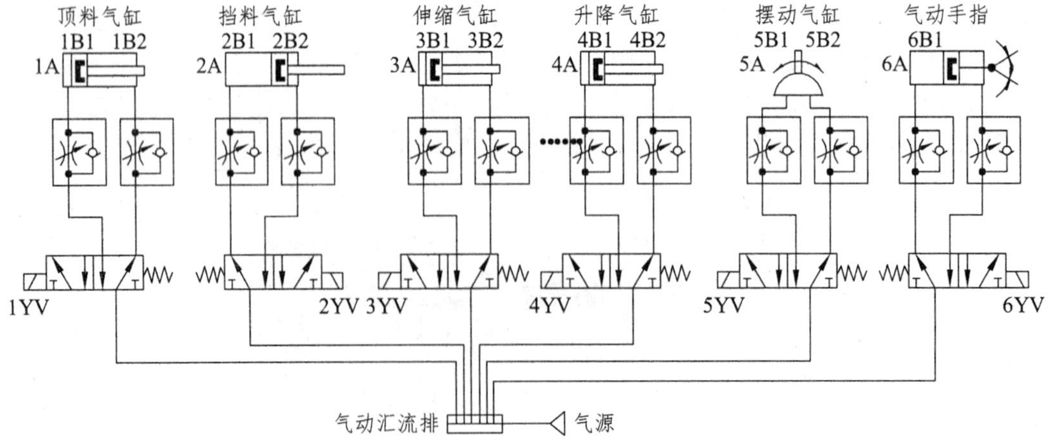

图 4-11 装配单元气动控制回路原理

在进行气路连接时，请注意各气缸的初始位置，其中，挡料气缸在伸出位置，升降气缸在升起位置。

4.3　光纤传感器

光纤传感器也属于光电传感器，它是把投光器（光发射器）发出的光线用光纤维引导到检测点，再把检测到的光信号用光导纤维引导到受光器（光接收器）来实现检测的。光纤传感器由光纤检测头（简称光纤头）、光纤放大器两部分组成。光纤放大器和光纤检测头是分离的两个部分，光纤检测头的尾端部分分成两条光纤，使用时分别插入光纤放大器的两个光纤孔。光纤传感器的工作原理如图 4-12 所示。

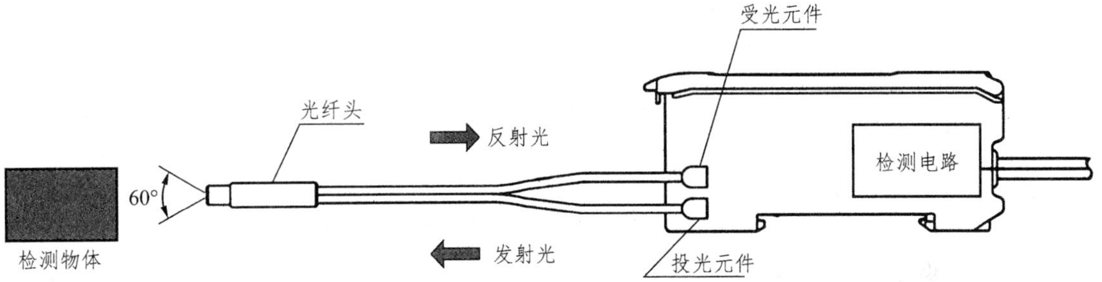

图 4-12　光纤传感器工作原理

4.3.1　放大器单元的安装和拆卸

图 4-13 所示为一个放大器的安装过程。拆卸时，以相反的过程进行。注意，在连接了光纤的状态下，请不要从 DIN 导轨上拆卸。

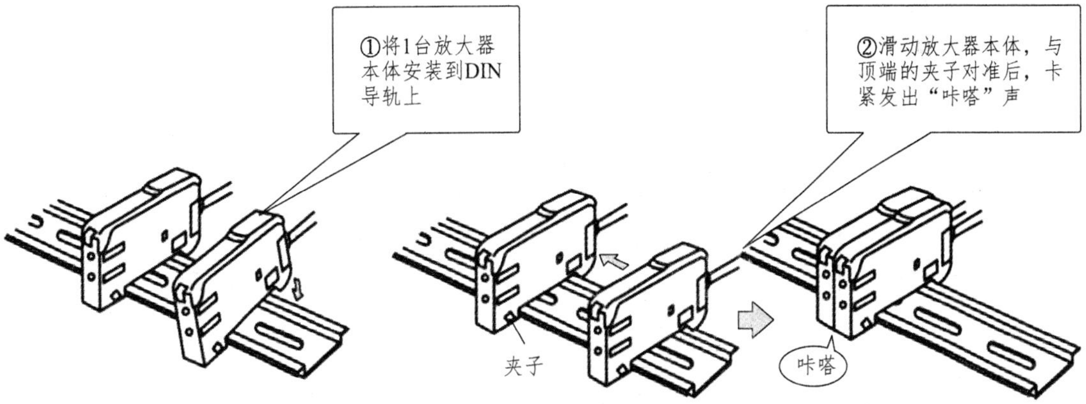

图 4-13　E3Z-NA11 型光纤传感器的放大器安装过程

进行连接或拆下的时候，注意一定要切断电源。然后按下面方法进行装卸，有关安装部位如图 4-14 所示。

（1）安装光纤：抬高保护罩，提起固定按钮，将光纤顺着放大器单元侧面的插入位置记号插入，然后放下固定按钮。

（2）拆卸光纤：抬起保护罩，提升固定按钮时可以将光纤取下来。

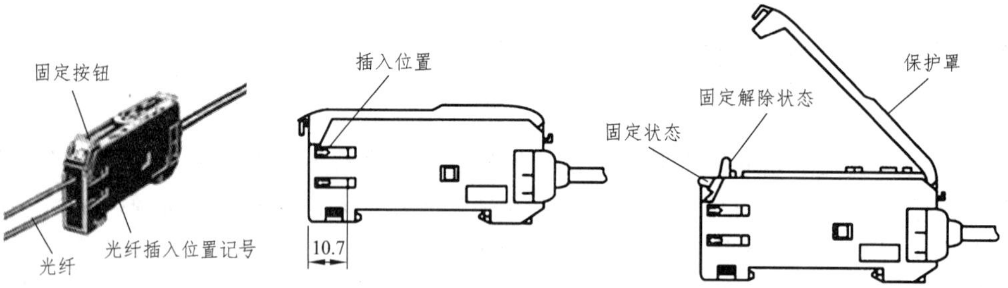

图 4-14 光纤的装卸示意图

4.3.2 光纤传感器灵敏度调节

光纤式光电接近开关放大器的灵敏度调节范围较大。当光纤传感器灵敏度调得较小时，光电探测器无法接收到反射性较差的黑色物体的反射信号；却可以接收到反射性较好的白色物体的反射信号。反之，若调高光纤传感器灵敏度，则即使对反射性较差的黑色物体，光电探测器也可以接收到反射信号。图 4-15 所示为放大器单元的俯视图。

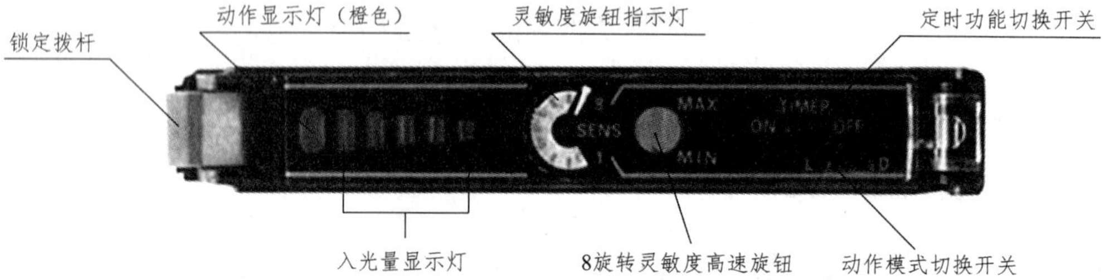

图 4-15 光纤传感器放大器单元的俯视图

E3Z-NA11 型光纤传感器电路如图 4-16 所示，接线时请注意根据导线颜色判断电源极性和信号输出线，切勿把信号输出线直接连接到电源+24 V 端。

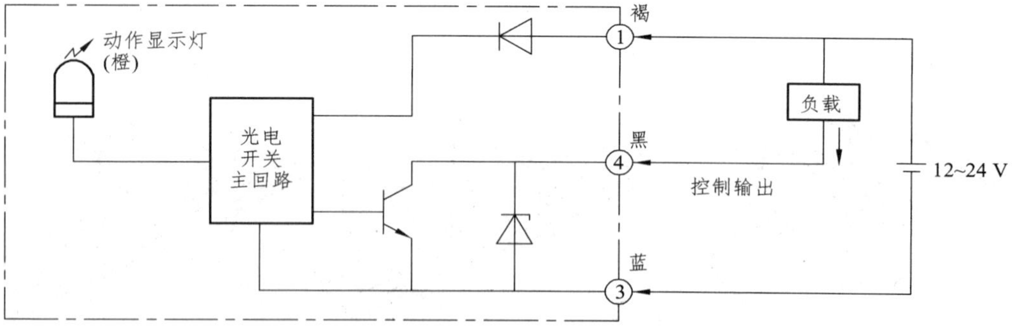

图 4-16 E3Z-NA11 型光纤传感器电路框图

4.4 装配单元安装与调试

任务目标：

（1）将装配单元的机械部分拆开成组件和零件的状态，学会正确使用拆装工具。

（2）将组件和零件安装成原样，掌握装配单元的正确安装步骤、调整方法与技巧。
（3）学会机械部分的装配、气路的连接与调整及电气接线。

4.4.1 装配单元装置侧的拆卸

（1）松开底板紧固螺钉，拆下总进气气管，将装配单元搬离设备到拆装工作台。
（2）拆卸气路、电磁阀组。
（3）依次拆卸接线端子及端子上的导线、端子卡座、线槽、底座等。
（4）将装配单元机械部分拆成组件。
（5）将各组件拆成散件，并将拆卸下的零配件整理整齐。

4.4.2 安装步骤和方法

1. 机械部分安装

装配单元是整个 YL-335B 中所包含气动元器件较多，结构较为复杂的单元，为了减小安装的难度和提高安装时的效率，在装配前应认真分析该结构的组成和工作过程，认真观看装配视频，参考别人的装配工艺，认真思考，做好记录。按照“零件-组件-安装”的思路，首先将各个零件装配成组件，然后进行安装，所装配成的组件包括芯体落料组件、回转机构及装配台组件、装配机械手组件、芯体料仓组件、供料单元支撑组件，如图 4-17 所示。

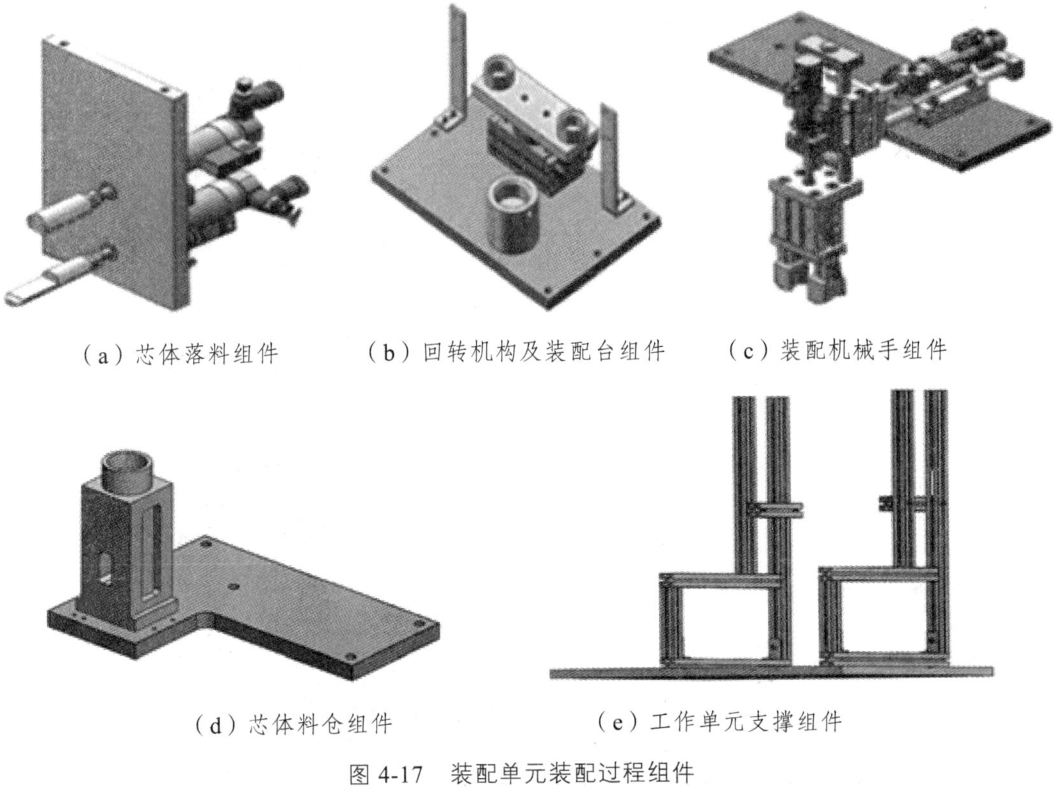

（a）芯体落料组件　（b）回转机构及装配台组件　（c）装配机械手组件

（d）芯体料仓组件　（e）工作单元支撑组件

图 4-17 装配单元装配过程组件

装配单元的装配过程如表 4-1 所示。

表 4-1 装配单元装配过程

安装步骤	安装效果图
1. 把回转机构及装配台组件安装到工作单元支撑架上	
2. 安装落料料仓组件	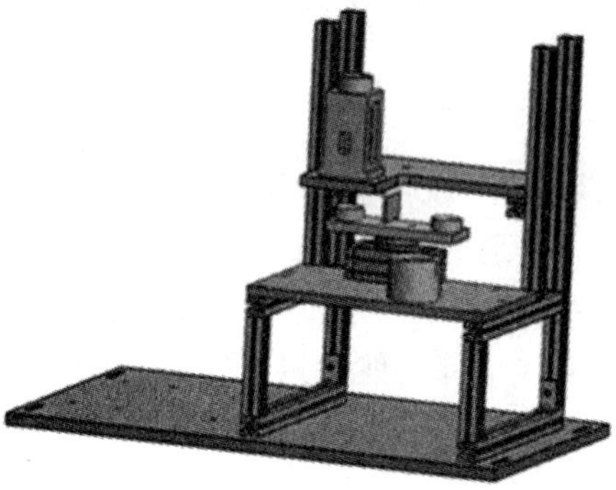
3. 安装落料操作组件和装配机械手支承板	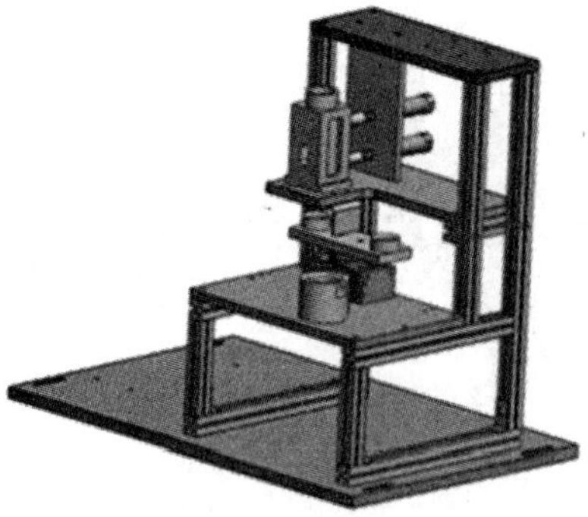
4. 安装装配机械手组件	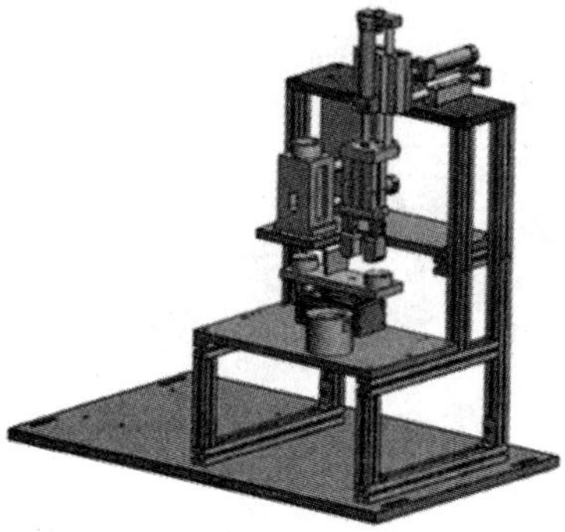

在完成上述 4 个步骤的装配之后，再插上管形料仓，安装电磁阀组、警示灯、传感器等，从而完成机械部分装配。

机械部分安装时应注意以下几点。

（1）装配时要注意摆台的初始位置，以免装配完后摆动角度不到位。

（2）预留螺母的放置空间一定要足够，以免造成组件之间不能完成安装。

（3）建议先进行装配，但不要一次拧紧各固定螺栓，待相互位置基本确定后，再依次进行调整固定。

（4）装配工作完成后，尚需做进一步的校验和调整，如再次校验摆动气缸初始位置和摆动回转角度；校验和调整机械手竖直方向移动的行程调节螺栓，使之在下限位位置能可靠抓取工件；调整水平方向移动的行程调节螺栓，使之能准确移动到装配台正上方进行装配工作。

2. 气动元件（气路）连接

气路系统安装时应注意以下几点。

（1）注意电磁阀工作口与执行元件工作口的连接要正确，以免产生相反的动作而影响正常操作。

（2）气管与快速接头插拔时，按压快速接头伸缩件时要注意用力均匀，避免硬拉而造成接头损坏。

（3）气管系统安装完毕后应注意冲压气缸、加工台伸缩气缸和气动手指的初始位置，位置不对时应进行调整

1）气路调试

装配单元气路系统的调试主要是针对气动元件的运行情况进行，其调试方法是通过手动控制单电控换向阀，观察各气动执行元件的动作情况。气动执行元件运行过程中检查各管路的连接处是否有漏气现象，是否存在气管不畅通现象。同时，通过对各单向节流阀的调整来获得稳定的气动执行元件运行速度。

2）传感器的安装

磁性开关的安装。装配单元有 6 个气动执行元件。磁性开关的安装方法与供料单元中磁性开关的安装方法相同，在此不再赘述。

光电传感器的安装。装配单元中光电传感器主要用于小工件不足、有无检测，以及左右料盘工件检测。光电传感器的安装方法与供料单元中光电传感器的安装方法相同，在此不再赘述。

光纤传感器的安装。装配单元中光纤传感器主要用于装配料台上工件有无检测。它能识别不同颜色的工件（白色、黑色小圆柱工件），并判断装配台是否有工件存在。光纤传感器安装的方法是将光纤传感器的光纤头固定在装配台料斗侧面的螺孔内，然后将光纤传感器本体安装在 DIN 导轨上，抬高本体保护罩，提起固定按钮，将光纤顺着放大器单元侧面的插入位置记号插入，然后放下固定按钮。

传感器安装时应注意以下几点。

（1）磁性开关安装时应注意位置和紧固可靠。

（2）光电式接近开关安装时应注意安装位置的调整和接线的颜色。

（3）光电式接近开关的灵敏度调整要适度。

3）装置侧电气接线及工艺要求

电气接线包括在装配单元装置侧完成各传感器、电磁阀等引线到装置侧接线端口之间的接线。该单元装置侧的接线端口的接线端子采用三层端子结构，如图 4-18 所示。

图 4-18 装置侧接线端口

（1）磁性开关的接线。磁性开关为两线式传感器，连线时 11 个磁性开关（1B2、1B1、2B2、2B1、5B1、5B2、6B1、4B2、4B1、3B1、3B2）的棕色线分别与装配单元装置侧输入端口中间层 7、8、9、10、11、12、13、14、15、16、17 号端子（见表 5-2）连接，蓝色线分别与该端口下层相应端子连接。

（2）光电传感器的接线。光电传感器为三线式传感器，连线时 4 个光电传感器（SC1、SC2、SC3、SC4）的黑色线分别与装配单元装置侧输入端口中间层 2、3、4、5 号端子（见表 5-2）连接，褐色线分别与该端口上层相应端子连接，蓝色线分别与该端口下层相应端子连接。

（3）光纤传感器的接线。光纤传感器也是三线式传感器，连线时 SC5 的黑色线与装配单元装置侧输入端口中间层 6 号端子（见表 5-2）连接，褐色线与该端口上层相应端子连接，蓝色线与该端口下层相应端子相连。

（4）电磁阀的接线。电磁阀对外引出两根线，连线时 6 个电磁阀（2YV、1YV、5YV、6YV 、4YV、3YV）的蓝色线分别与装配单元装置侧输出端口中间层 2、3、4、5、6、7 号端子（见表 5-2）连接，红色线分别与该端口上层相应端子连接。

（5）警示灯的接线。警示灯对外引出 5 根线（其中黄绿交叉线“地线”，没有使用），连线时红色线、黄色线、绿色线分别与装配单元装置侧输出端口中间层 10、11、12 号端子（见表 4-2）连接；黑色线与该端口上层 8 号端子连接。

表 4-2 装配单元装置侧接线端口信号端子的分配

输入端口中间层			输出端口中间层		
端子号	设备符号	信号线	端子号	设备符号	信号线
2	SC1	芯体不足检测	2	2YV	挡料电磁阀
3	SC2	芯体有无检测	3	1YV	顶料电磁阀
4	SC3	左料盘芯体检测	4	5YV	回转电磁阀
5	SC4	右料盘芯体检测	5	6YV	手指夹紧电磁阀
6	SC5	装配台工件检测	6	4YV	手爪升降电磁阀
7	1B2	顶料到位检测	7	3YV	手爪伸缩电磁阀

续表

输入端口中间层			输出端口中间层		
端子号	设备符号	信号线	端子号	设备符号	信号线
8	1B1	顶料复位检测	8		
9	2B2	挡料状态检测	9		
10	2B1	落料状态检测	10	AL1	红色警示灯
11	5B1	摆动气缸左限检测	11	AL2	橙色警示灯
12	5B2	摆动气缸右限检测	12	AL3	绿色警示灯
13	6B1	手爪夹紧检测	13		
14	4B2	手爪下降到位检测	14		
15	4B1	手爪上升到位检测			
16	3B1	手爪缩回到位检测			
17	3B2	手爪伸出到位检测			

4.4.3　装配单元的编程与运行

1. 工作任务

装配单元各气缸的初始位置为：挡料气缸处于伸出状态，顶料气缸处于缩回状态；装配机械手的升降气缸处于提升（缩回）状态，伸缩气缸处于缩回状态，气动手指处于松开状态。

设备上电和气源接通后，若各气缸满足初始位置要求，料仓上已经有足够的小圆柱芯体，工件装配台上没有待装配工件，则“正常工作”指示灯 HL1 常亮，表示设备已准备好。否则，该指示灯以 1 Hz 频率闪烁。

若设备准备好，按下启动按钮，装配单元启动，“设备运行”指示灯 HL2 常亮。如果回转台上的左料盘内没有小圆柱芯体，就执行下料操作；如果左料盘内有芯体，而右料盘内没有芯体，执行回转台回转操作。

如果回转台上的右料盘内有小圆柱芯体且装配台上有待装配工件，执行装配机械手抓取小圆柱芯体，放入待装配工件中的操作。

完成装配任务后，装配机械手应返回初始位置，等待下一次装配。

若在运行过程中按下停止按钮，则落料机构应立即停止落料，在装配条件满足的情况下，装配单元在完成本次装配后停止工作。

（1）在运行中发生“芯体不足”报警时，指示灯 HL3 以 1 Hz 的频率闪烁，HL1 和 HL2 灯常亮；在运行中发生“芯体没有”报警时，指示灯 HL3 以亮 1 s，灭 0.5 s 的方式闪烁，HL2 熄灭，HL1 常亮。

（2）如果回转台上的右料盘内有小圆柱芯体且装配台上有待装配工件，则执行装配机械手抓取小圆柱芯体，放入待装配工件中的操作。

（3）完成装配任务后，装配机械手应返回初始位置，等待下一次装配。

（4）若在运行过程中按下停止按钮，则落料机构应立即停止落料，在装配条件满足的情况下，装配单元在完成本次装配后停止工作。

（5）在运行中发生“芯体不足”报警时，指示灯 HL3 以 1 Hz 的频率闪烁，HL1 和 HL2

灯常亮；在运行中发生“芯体没有”报警时，指示灯 HL3 以亮 1 s，灭 0.5 s 的方式闪烁，HL2 熄灭，HL1 常亮。

要求完成的任务：

（1）规划 PLC 的 I/O 分配及接线图。

（2）进行系统安装接线。

（3）按控制要求编制 PLC 程序。

（4）进行调试与运行。

2. PLC 的 I/O 分配与接线图

I/O 分配表如表 4-3 所示。

表 4-3　装配单元 PLC 的 I/O 信号分配

输入信号				输出信号			
序号	PLC 输入点	信号名称	信号来源	序号	PLC 输出点	信号名称	信号来源
1	X000	芯体不足检测		1	Y000	挡料电磁阀	
2	X001	芯体有无检测		2	Y001	顶料电磁阀	
3	X002	左料盘芯体检测		3	Y002	回转电磁阀	
4	X003	右料盘芯体检测		4	Y003	手爪夹紧电磁阀	
5	X004	装配台工件检测		5	Y004	手爪升降电磁阀	
6	X005	顶料到位检测		6	Y005	手爪伸缩电磁阀	装置侧
7	X006	顶料复位检测		7	Y006		
8	X007	挡料状态检测	装置侧	8	Y007		
9	X010	落料状态检测		9	Y010	红色警示灯	
10	X011	摆动气缸左限检测		10	Y011	橙色警示灯	
11	X012	摆动气缸右限检测		11	Y012	绿色警示灯	
12	X013	手爪夹紧检测		12	Y013		
13	X014	手爪下降到位检测		13	Y014		
14	X015	手爪上升到位检测					
15	X016	手臂缩回到位检测		15	Y016	运行指示	
16	X017	手臂伸出到位检测		16	Y017	报警指示	
17	X020						
18	X021						
19	X022						
20	X023						
21	X024	停止按钮					
22	X025	起动按钮	按钮/指示灯模块				
23	X026	急停开关					

注：警示灯用来指示 YL-335B 整体运行时的工作状态，本工作任务是装配单元单独运行，没有要求使用警示灯，可以不连接到 PLC 上。

根据装配单元 I/O 信号点数及工作任务的要求，该单元选用三菱 FX_{3U}-48MR 型 PLC，为 24 点输入和 24 点输出继电器输出型。该单元 I/O 如图 4-19 所示。

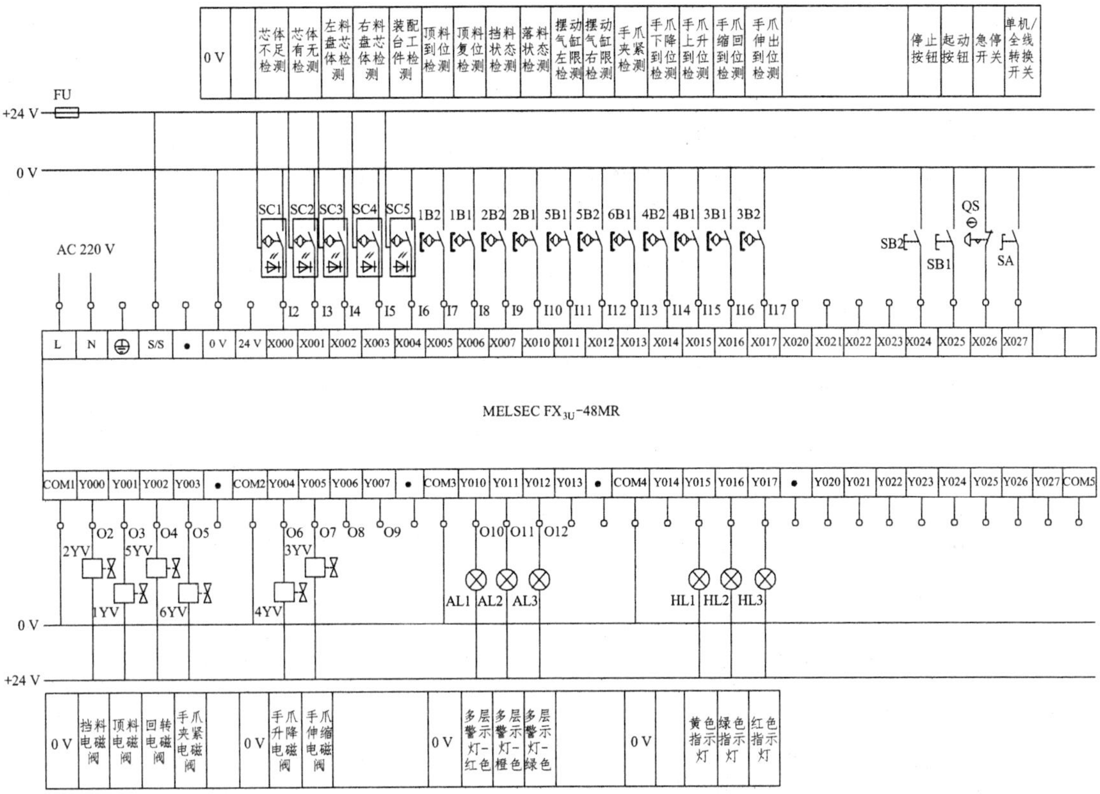

图 4-19　装配单元 PLC 的 I/O 接线图

3. PLC 的安装与接线

首先将 PLC 安装在导轨上，然后进行 PLC 侧接线，包括电源接线和 PLC 输入/输出端子的接线，以及按钮指示灯模块的接线 3 个部分。

根据图 4-19，将 PLC 输入端的 L、N 端与交流电源的相线和中性线连接，S/S、0 V 端与直流电源+24 V 和 0 V 连接，在进行 PLC 输入/输出端子接线时，PLC 侧部分接线端子排为双层两列端子，左边较窄的一列主要接 PLC 的输出端口，右边较宽的一列接 PLC 的输入端口。两列中的下层分别接直流电源+24 V 和 0 V。左列上层接 PLC 的输出信号端子，右列上层接 PLC 的输入信号端子。按钮指示灯模块中的按钮、选择开关、急停开关接线端子分别连接至 PLC 的输入端子，信号指示灯端子接至 PLC 的输出端子。

一定要参照表 4-2 和图 4-19 进行 PLC 接线。PLC 侧输入、输出端口的上层端子与装置侧输入、输出端口的中间层端子的编号是一一对应的。接线完成后，用多芯信号电缆将装配单元装置侧输入、输出端口与该单元 PLC 侧输入、输出端口互连。

PLC 接线时应注意以下几点：

（1）PLC 接线应使用合适的导线及接线护套。

（2）PLC 的 I/O 接线要与动力线可靠隔离。

（3）PLC 的每个电气连接点上的连线应不超过 2 根。
（4）PLC 的 I/O 点与外部器件连接时要使用接线端子过渡。
（5）PLC 输出点连接感性负载时要配备浪涌保护器。

4. PLC 程序的编制

1）上电初始化及初始状态检查

装配单元上电初始化及初始状态检查部分的程序如图 4-20 所示。

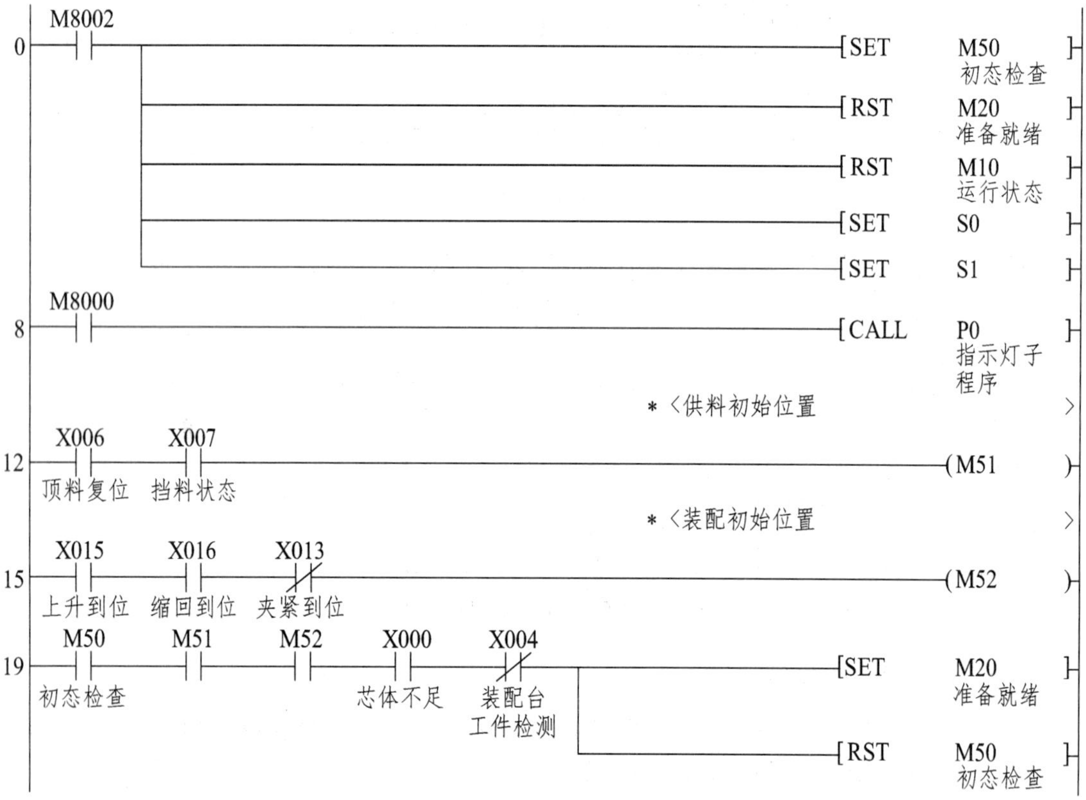

图 4-20　上电初始化及初始状态检查部分程序

2）主程序

在主程序中，当初始状态检查结束，确认单元准备就绪，按下启动按钮系统即进入运行状态。装配单元单站运行的起动梯形图如图 4-21 所示。

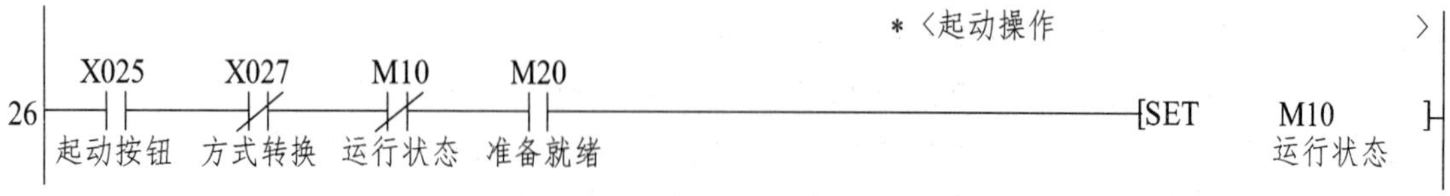

图 4-21　装配单元单站运行的启动操作梯形图程序

系统进入运行状态后，应在每一扫描周期都监测有无停止按钮按下，一旦按下，即置位停止信号 M11，并立即停止摆台转动（见图 4.22）。此后，当落料机构和装配机械手均返回到初始位置，才能退出步进顺控过程，然后复位运行状态标。

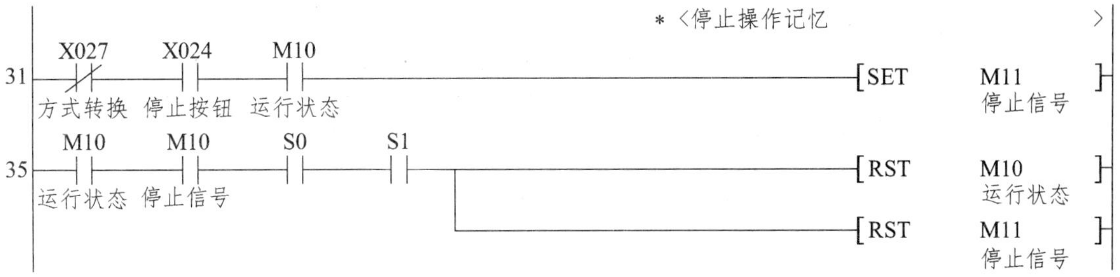

图 4-22　装配单元单站运行的停止操作梯形图程序

进入运行状态后，装配单元的工作过程包括两个相互独立的子过程，一个是供料过程，另一个是装配过程。

（1）供料过程就是通过供料机构按顺序操作，使料仓中的小圆柱芯体落下到摆台左边料盘上的落料控制；然后摆台转动，使装有芯体的料盘转移到右边，以便装配机械手抓取芯体。

装配过程是当装配台上有待装配工件，且装配机械手下方有小圆柱芯体时，进行的装配操作。

供料控制过程包含两个互相联锁的过程，即落料过程和摆台转动、料盘转移的过程。在小圆柱芯体从料仓下落到左料盘的过程中，禁止摆台转动；反之，在摆台转动过程中，禁止打开料仓（挡料气缸缩回）落料。

实现联锁的方法是：当摆台的左限位或右限位磁性开关动作并且左料盘没有芯体，经延时确认后，开始落料过程，这是一个单循环的步进顺序控制过程，这里只给出其初始步梯形图（见图 4-23），以着重说明互锁的实现。

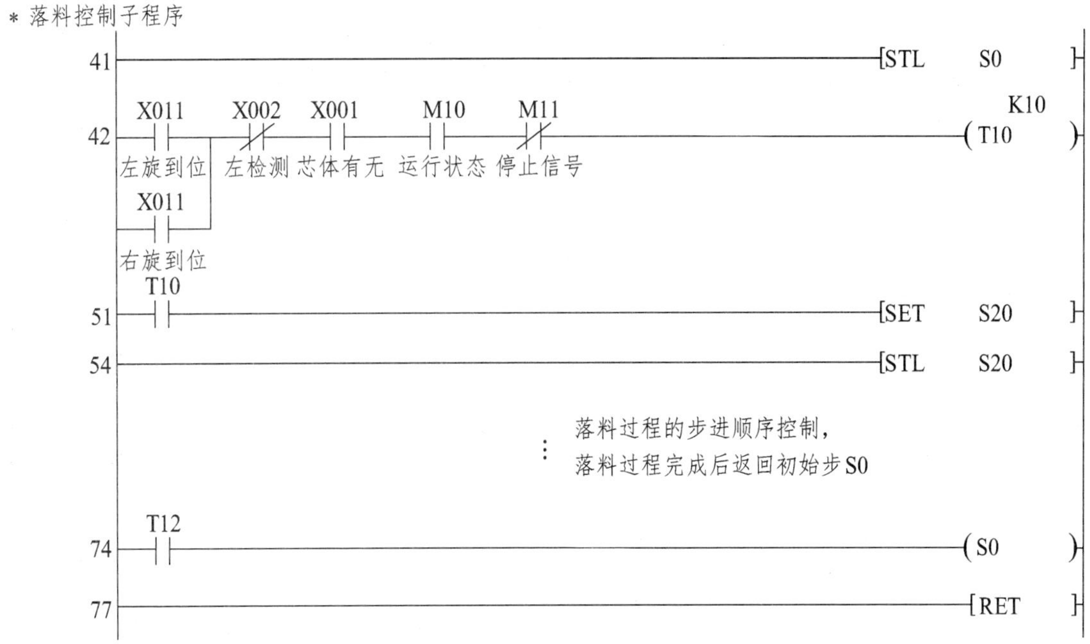

图 4-23　落料控制初始步梯形图程序

（2）落料过程顺序功能图如图 4-24 所示。

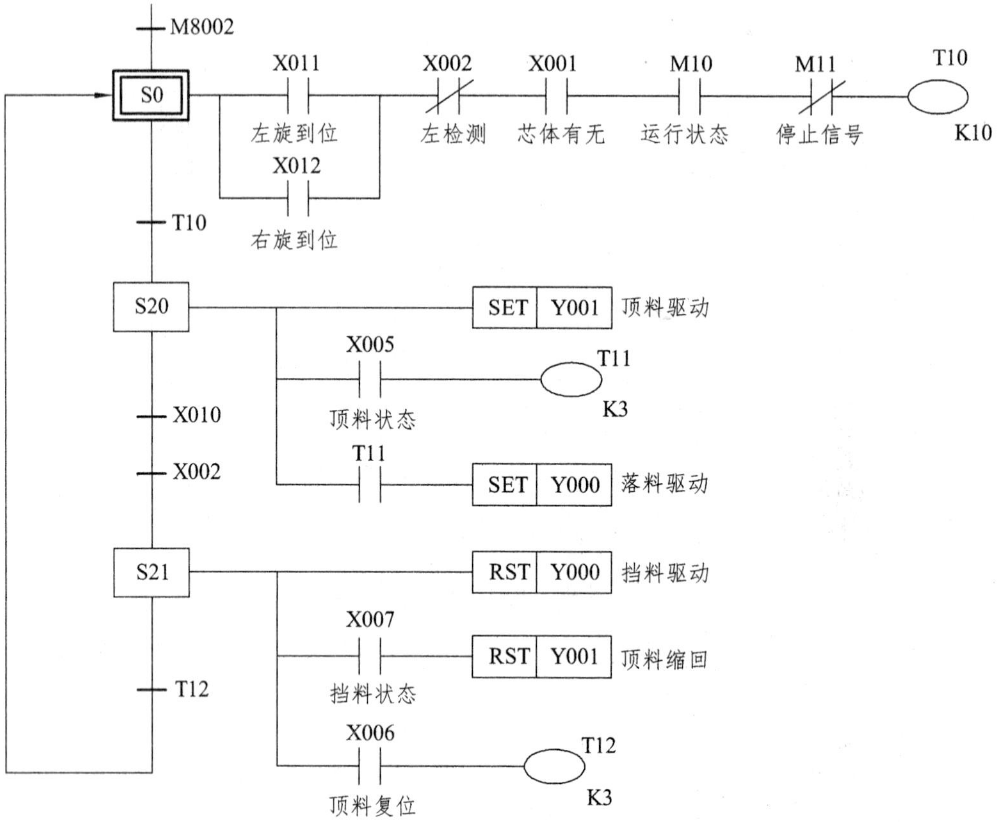

图 4-24 落料过程顺序功能图

当挡料气缸伸出到位使料仓关闭、左料盘有料而右料盘无料时，经延时确认后，开始摆台转动，直到达到限位位置。回转物料台转动控制梯形图如图 4-25 所示。

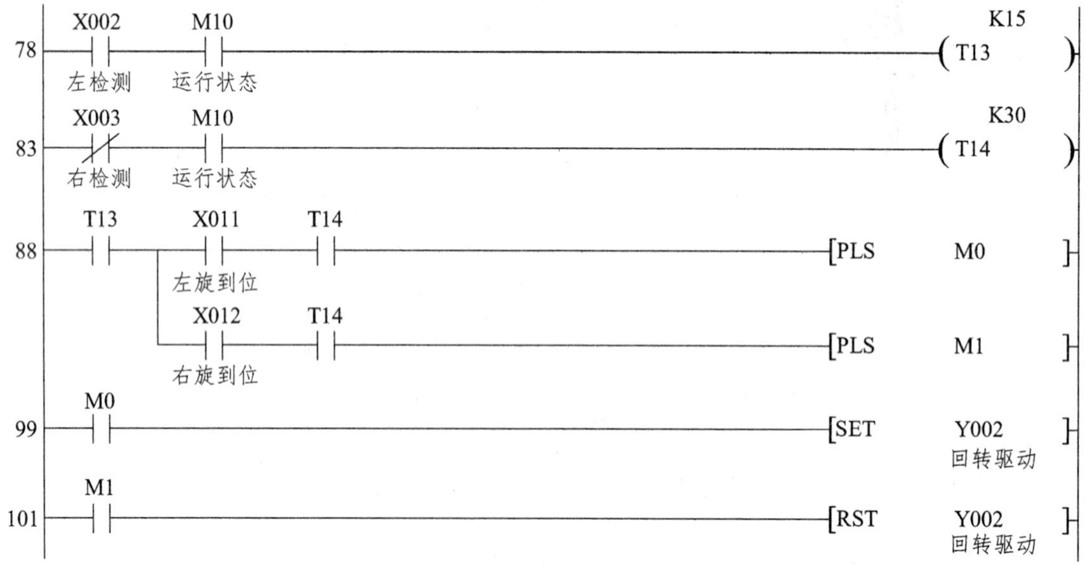

图 4-25 回转物料台转动控制梯形图程序

机械手装配工件的过程是一典型的步进顺序控制，其顺序功能图如图 4-26 所示。

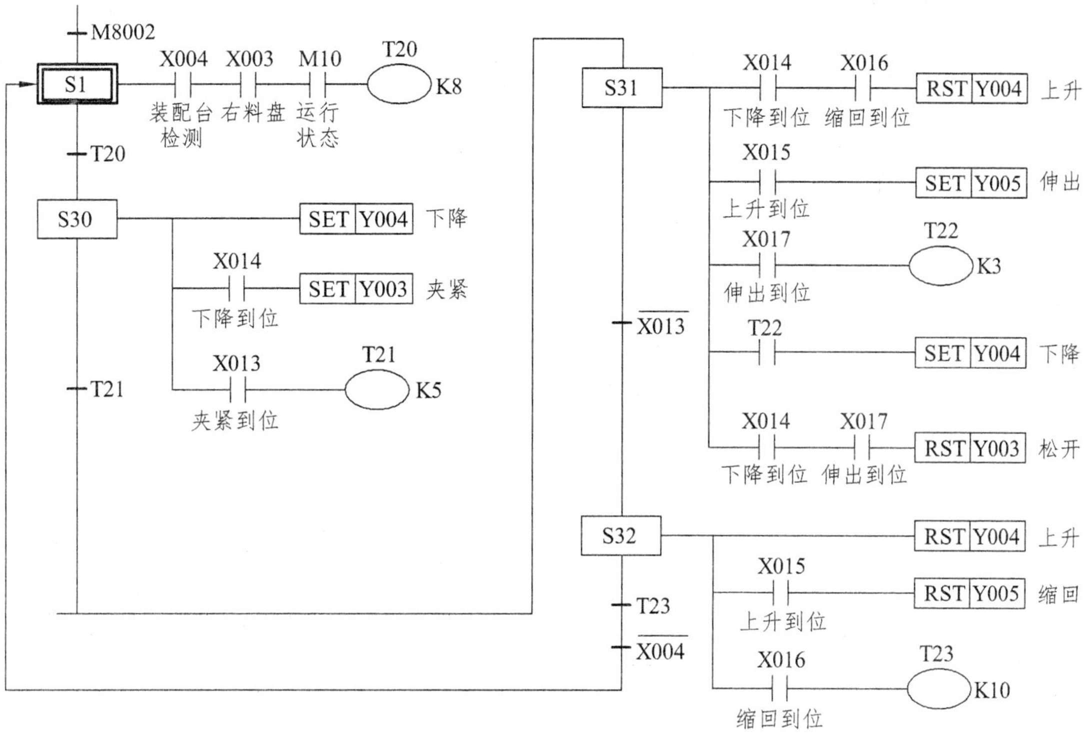

图 4-26　机械手装配工件过程顺序功能图

3）停止运行

停止运行有两种情况：一是在运行中按下停止按钮，停止信号被置位；另一种情况是当料仓中最后一个芯体落下时，检测物料有无的传感器动作（X001 OFF），将发出芯体没有报警。

对于供料过程的落料控制，上述两种情况均应在料仓关闭，顶料气缸复位到位即返回到初始步后停止下次落料，并复位落料初始步。但对于摆台转动控制，一旦停止信号发出，则应立即停止摆台转动。

对于装配控制，上述两种情况也应在一次装配完成，装配机械手返回到初始位置后停止。

仅当落料机构和装配机械手均返回到初始位置，才能复位运行状态标志和停止信号。停止运行的操作应在主程序中编制。

4.5　调试与运行

（1）调整气动部分，检查气路是否正确，气压是否正常，气缸的动作速度是否合理。

（2）检查磁性开关的安装位置是否到位，磁性开关工作是否正常。

（3）检查 I/O 接线是否正确。

（4）检查光电传感器、光纤传感器安装是否合理，距离设定是否合适，保证检测的可靠性。

（5）按钮/指示灯的功能测试。

（6）多层警示灯的功能测试。

（7）气动元件的功能测试。

（8）运行程序检查动作是否满足任务要求。

4.6 分析与思考

（1）运行过程中出现小圆柱芯体不能准确落下至料盘中，装配机械手装配不到位，或光纤传感器误动作等现象，请分析其原因，总结处理方法。

（2）如果需要考虑紧急停止等因素，程序应如何编制？

（3）如果用位移位指令实现落料过程的顺序控制，程序应如何编制？

（4）如果用位移位指令实现机械手装配工件的顺序控制，程序应如何编制？

（5）如果装配单元落料控制和装配控制采用并行序列顺序控制表示，程序应如何编制？

模块 5　分拣单元的安装与调试

【能力目标】

（1）会分析分拣单元的工作过程。

（2）能进行本单元气路的连接及调整。

（3）会旋转编码器、光电传感器的等电气线路连接，并能正确调试。

（4）能进行程序的离线和在线调试。

（5）会变频器外部电路连接及主要参数设置。

（6）能在规定时间内完成分拣单元的拆装与调整，根据控制要求完成程序的编制与调试，并能解决安装与运行过程中出现的问题。

【知识目标】

（1）熟悉分拣单元的结构组成及工作过程。

（2）掌握变频器、旋转编码器及模拟量输入/输出适配器 FX_{3U}-3A-ADP 的电气接线及使用方法。

（3）熟练掌握用步进指令编制分拣控制程序。

（4）掌握模拟量输入/输出适配器 FX_{3U}-3A-ADP 实现 D/A 转换的编程。

【教学重点】

气路的调整、传感器的调试、分拣控制程序的编制。

【教学难点】

脉冲当量的测试、模拟量控制及通信控制变频器调速的编程、工件在传送带上定位控制的编程、套件分拣的编程。

5.1 分拣单元的结构及工作原理

分拣单元的主要功能是将不同类型的工件分别推入相应料槽中。当装配站送来工件放到传送带上并被进料定位 U 形板上安装的光电传感器检测到时，即启动变频器，工件开始送入分拣区进行分拣。

分拣单元主要由传送和分拣机构、传动带驱动机构、变频器模块、电磁阀组、传感器、接线端口、PLC 模块、按钮/指示灯模块等组成，其装置侧俯视图如图 5-1 所示。

图 5-1 分拣单元装置侧俯视图

5.1.1 传送和分拣机构

传送和分拣机构主要由传送带、出料滑槽、推料（分拣）气缸、进料检测（光电或光纤）传感器、属性检测（电感式和光纤）传感器以及磁性开关组成。功能是把已经加工、装配好的工件从进料口输送至分拣区，通过属性检测传感器的检测，确定工件的属性，然后按工作任务要求进行分拣，把不同类别的工件推入相应滑槽中。

为了准确确定工件在传送带上的位置，在传送带进料口安装了 U 形定位板，用来纠偏机械手输送过来的工件并确定其初始位置。传送过程中工件移动的距离则通过对旋转编码器产生的脉冲进行高速计数确定。

5.1.2　传动带驱动机构

传动带采用三相异步电动机驱动，驱动机构包括电动机支架、电动机、弹性联轴器等，电动机轴通过弹性联轴器与传送带主动轴连接。安装时必须确保两轴间的同心度。

5.1.3　气动控制回路原理图

分拣单元的气动系统主要由气源、气动汇流排、气缸、单电控二位五通换向阀、单向节流阀、消声器、快速接头和气管等组成，它们的主要作用是将不同颜色和材质的工件推入 3 个滑槽中。分拣单元气动控制回路原理如图 5-2 所示。

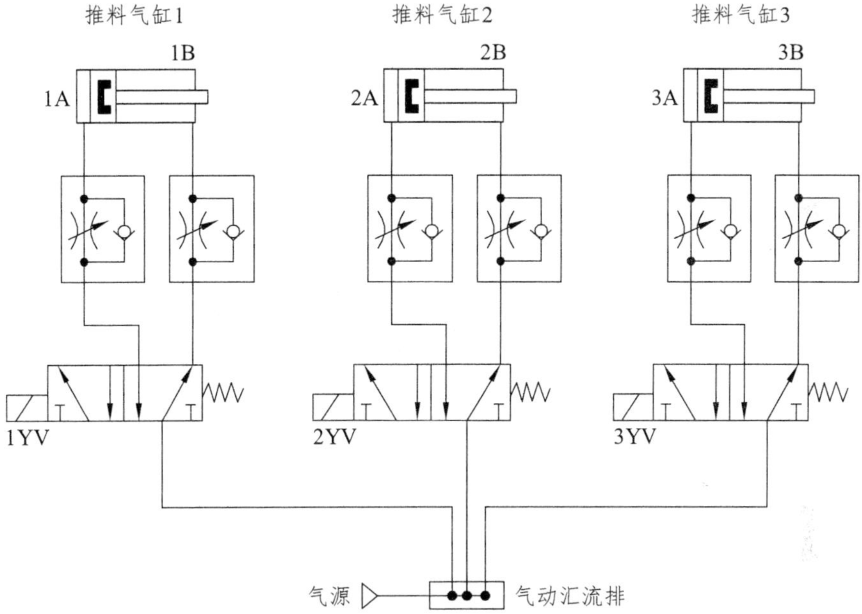

图 5-2　分拣单元气动控制回路原理图

5.2　相关知识点

5.2.1　光电编码器概述

光电编码器（又称为旋转编码器）是通过光电转换，将输出至轴上的机械、几何位移量转换成脉冲或数字信号的传感器，主要用于速度或位置（角度）的检测。一般来说，光电编码器根据其刻度方法及信号输出形式，可以分为增量式、绝对式和混合式三大类。

1. 增量式光电编码器

增量式光电编码器的特点是每产生一个输出脉冲信号就对应一个增量位移，但是不能通过输出脉冲区别出是在哪个位置上的增量。它能够产生与位移增量等值的脉冲信号。其作用是提供一种对连续位移量离散化或增量化的传感方法，反映的是相对于某个基准点的相对位置增量，不能够直接检测出轴的绝对位置信息。一般来说，增量式光电编码器输出A、B两相互差90°电度角的脉冲信号（即所谓的两组正交输出信号），从而可方便地判断出旋转方向。同时还有用作参考零位的Z相标志（指示）脉冲信号，码盘每旋转一周，只发出一个标志信号。标志脉冲通常用来指示机械位置或对积累量清零。增量式光电编码器主要由光源、码盘、检测光栅、光电检测器件和转换电路组成，如图5-3所示。

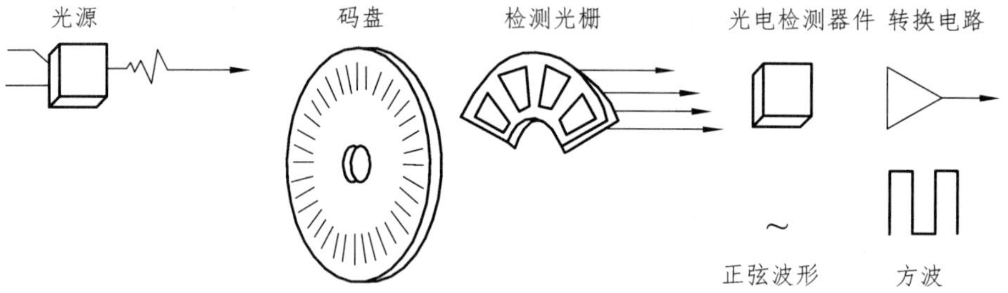

图5-3　增量式光电编码器的组成

增量式光电编码器输出信号波形如图5-4所示。增量式光电编码器的优点是：原理构造简单、易于实现；机械平均寿命长，可达到几万小时以上；分辨率高；抗干扰能力强，信号传输距离较长，可靠性较高。其缺点是：无法直接读出转动轴的绝对位置信息。

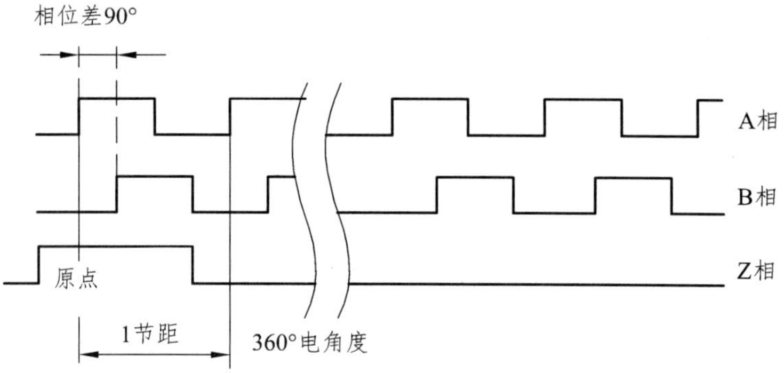

图5-4　增量式光电编码器的输出信号波形

2. 绝对式光电编码器

绝对式光电编码器的基本原理及组成与增量式光电编码器基本相同，也是由光源、码盘、检测光栅、光电检测器件和转换电路组成。与增量式光电编码器不同的是，绝对式光电编码器用不同的数码来分别指示每个不同的增量位置，它是一种直接输出数字量的传感器，在它的圆形码盘上沿径向有若干同心码道，每条码道由透光和不透光的扇形区相间组成，相邻码道的扇区数目是双倍关系，码盘上的码道数就是它的二进制数码的位数。码盘的一侧是光源，另一侧对应每一码道有一光敏元件。当码盘处于不同的位置时，各光敏元件根据受光照与否转换出相应的电平信号，形成二进制数。这种编码器的特点是不用计数器，在转轴的任意位置都可读出一个固定的与位置相对应的数字码。显然，码道越多，分辨率就越高，对于一个具有N位二进制分辨率的编码器，其码盘必须有N条码道。绝对式光电编码器的原理如图5-5所示。

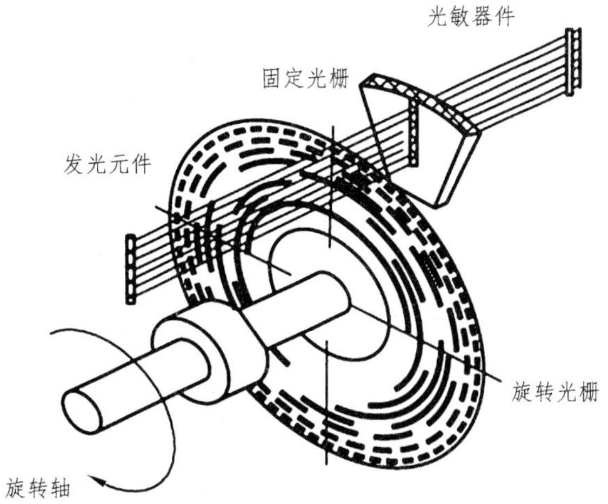

图 5-5　绝对式光电编码器原理图

绝对式光电编码器与增量式光电编码器不同之处在于圆盘上透光、不透光的线条图形，绝对式光电编码器可以有若干码盘，根据所读出的码盘上的编码，检测绝对位置。它的特点是：可以直接读出角度坐标的绝对值；没有累积误差；电源切除后位置信息不会丢失；编码器的精度取决于位数；最高运转速度比增量式光电编码器高。

3. 混合式光电编码器

混合式光电编码器在增量式光电编码器的基础上，增加了一组用于检测永磁伺服电动机磁极位置的码盘。它输出两组信息：一组信息用于检测磁极位置，带有绝对信息功能；另一组则与增量式编码器的输出信息相同。一般来说，在码盘的最外圆刻有高密度的增量式透光缝隙（发 2000 ppr、2500 ppr、3000 ppr），中间分布在四圈圆环上有四个二进制四位循环码，每一个四位二进制码对应圆盘 1/4 圆角度，即每 1/4 圆盘由四位二进制循环码分割成 16 个等分位置。码盘最里圈仍有发一转信号的线条。混合式光电编码器输出的绝对值信息在一定的精度上与磁极的位置具有对应关系。通常它给出相位相差 120°的三相信号，用于控制永磁伺服电动机定子三相电流的相位。U、V 和 W 三相脉冲信号彼此相差 120°。每转的脉冲个数与电动机的极对数相一致。

分拣单元使用的是具有 A、B 两相 90°相位差的通用型增量式光电编码器，用于计算工件在传送带上的位置。编码器直接连接到传送带主动轴上。该旋转编码器的三相脉冲采用 NPN 型集电极开路输出，分辨率 500 ppr，工作电源 DC 12 ~ 24 V。本工作单元没有使用 Z 相脉冲，A、B 两相输出端直接连接到 PLC（FX_{3U}-32MR）的高速计数器输入端。

确定每两个脉冲之间的距离即脉冲当量。分拣单元主动轴的直径为 d=43 mm，则减速电动机每旋转一周，皮带上工件移动距离 $L = \pi \cdot d = 3.14 \times 43 = 136.35$（mm）。故脉冲当量 μ 为 $\mu=L/500\approx0.27$mm。当工件从下料口中心线移至光纤传感器中心时，旋转编码器约发出 309 个脉冲；移至侧面金属传感器中心时，约发出 435 个脉冲；移至传感器支架上面的金属传感器中心时，约发出 444 个脉冲；移至第一个推杆中心点时，约发出 620 个脉冲；移至第二个推杆中心点时，约发出 974 个脉冲；移至第三个推杆中心点时，约发出 1298 个脉冲。传送带位置计算用图如图 5-6 所示。

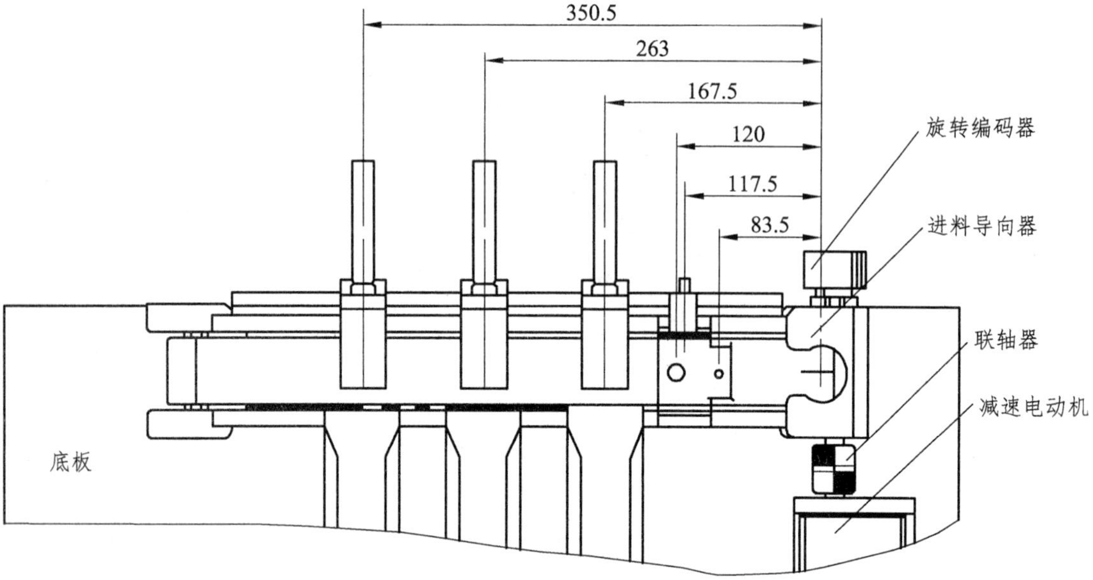

图 5-6 传送带位置计算用图

5.2.2 三菱 FR-E740 变频器简介

1. FR-E740 变频器的安装和接线

在使用三菱 PLC 的 YL-335B 设备中，变频器选用三菱 FR-E700 系列变频器中的 FR-E740-0.75K-CHT 型变频器，该变频器额定电压等级为三相 400 V，适用于容量 0.75 kW 及以下的电动机。FR-E740 系列变频器的外观和型号的定义如图 5-7 所示。

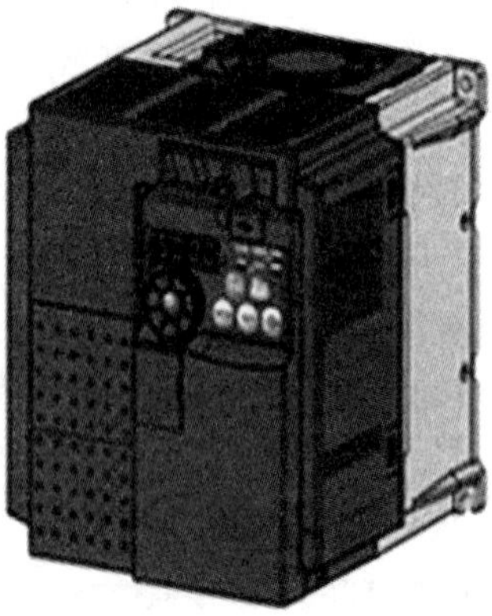

（a）FR-E740 变频器外观

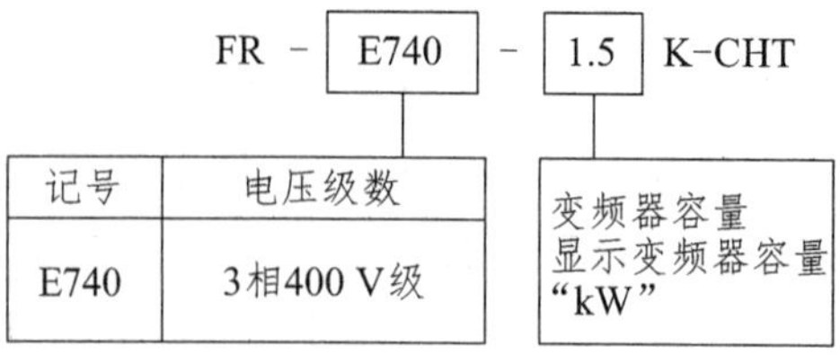

（b）变频器型号定义

图 5-7 FR-E740 系列变频器

YL-335B 设备所用的变频器操作，是使用通用变频器所必需的基本技能和知识，重点为变频器的接线、操作和常用参数的设置等。

FR-E740 系列变频器主电路的通用接线如图 5-8 所示。

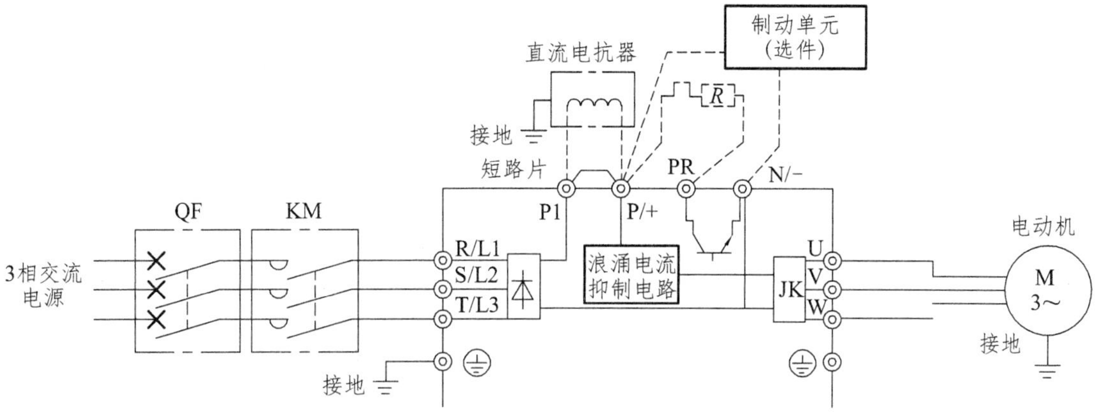

图 5-8 FR-E740 系列变频器主电路的通用接线

对图 5-8 的说明如下：

（1）端子 P1、P/+之间连接直流电抗器，不需连接时，两端子间短路。

（2）P/+与 PR 之间连接制动电阻器，P/+与 N/−之间连接制动单元（选件）。YL-335B 设备均未使用，故用虚线画出。

（3）交流接触器 KM 用作变频器安全保护，注意不要通过此交流接触器来启动或停止变频器，否则可能降低变频器寿命。YL-335B 设备中没有使用这个交流接触器。

（4）进行主电路接线时，应确保输入、输出端不能接错，即电源线必须连接至 R/L1、S/L2、T/L3，绝对不能接 U、V、W，否则会损坏变频器。

FR-E740 系列变频器控制电路的接线端子分布如图 5-9 所示。图 5-10 给出了控制电路接线图。

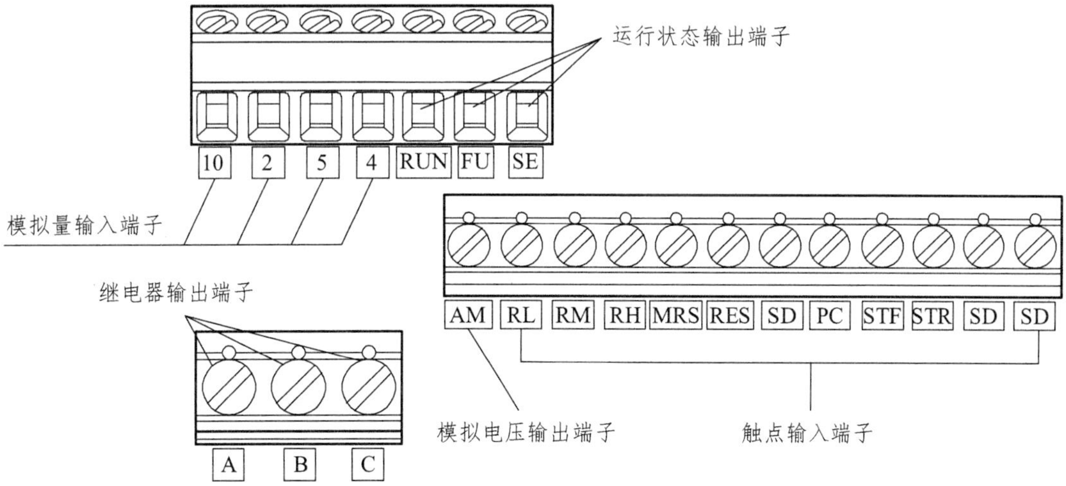

图 5-9 FR-E740 变频器控制端子分布图

图 5-10 中，控制电路的接线端子由控制输入、频率设定（模拟量输入）、继电器输出（异常输出）、集电极开路输出（状态监测）和模拟电压输出等 5 部分组成，各端子的功能可通过调整相关参数值进行变更。在出厂设置的初始值，各个控制电路接线端子的功能说明分别如表 5-1、5-2、5-3 所示。

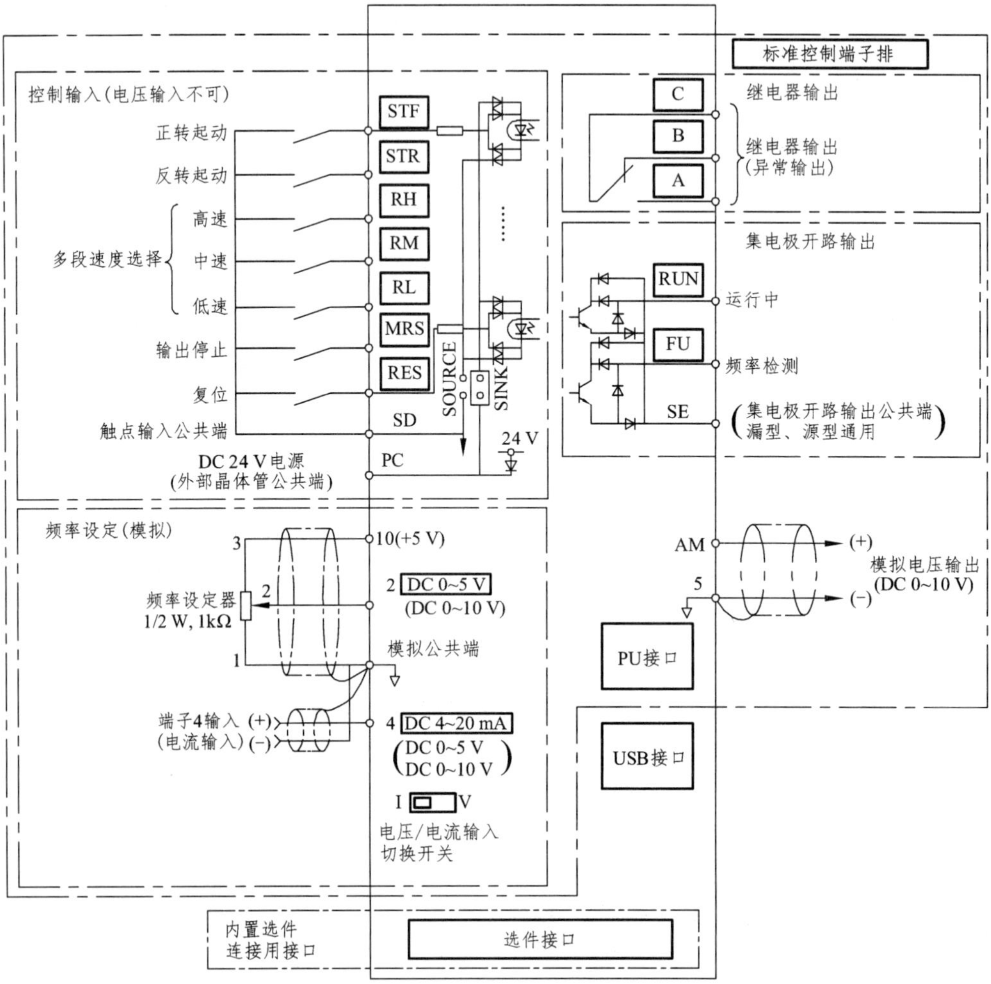

图 5-10 FR-E740 变频器控制电路接线图

表 5-1 控制电路输入端子的功能说明

种类	端子编号	端子名称	端子功能说明	
触点输入	STF	正转启动	STF 信号“ON”时为正转、“OFF”时为停	STF、STR 信号同时“ON”时变成停止指令
	STR	反转启动	STR 信号“ON”时为反转、“OFF”时为停止指令	
	RH RM RL	多段速度选择	用 RH、RM 和 RL 信号的组合可以选择多段速度，分别表示高速、中速和低速	
	MRS	输出停止	MRS 信号“ON”（20 ms 或以上）时，变频器输出停止 用电磁制动器停止电动机时用于断开变频器的输出	
	RES	复位	用于解除保护电路动作时的报警输出。请使 RES 信号处于“ON”状态 0.1 s 或以上，然后断开。 出厂初始设置为复位，根据 Pr.75 的设定，仅在变频器报警发生时可进行复位，复位时间约为 1 s	

续表

种类	端子编号	端子名称	端子功能说明
触点输入	SD	接点输入公共端（漏型）（初始设定）	接点输入端子（漏型逻辑）的公共端子
		外部晶体管公共端（源型）	在源型逻辑时连接可编程控制器等的晶体管输出(即集电极开路输出)时，将晶体管输出用的外部电源公共端接到该端子上，可以防止因漏电引起的误动作
		DC 24 V 电源公共端	DC 24 V、0.1 A 电源（端子 PC）的公共输出端子，与端子 5 及端子 SE 绝缘
	PC	外部晶体管公共端（漏型）（初始设定）	在漏型逻辑时连接可编程控制器等的晶体管输出(即集电极开路输出)时，将晶体管输出用的外部电源公共端接到该端子上，可以防止因漏电引起的误动作
		接点输入公共端（源型）	接点输入端子（源型逻辑）的公共端子
		DC24 V 电源	可作为 DC 24 V、0.1 A 的电源使用
频率设定	10	频率设定用电源	接外接频率设定（速度设定）用电位器时的电源（通过 P.73 进行模拟量输入选择）
	2	频率设定（电压）	如果输入 DC 0 ~ 5 V（或 0 ~ 10 V），在 5 V（10 V）时为最大输出频率，输入输出成正比。通过 P.73 进行 DC 0 ~ 5 V（初始设定）和 DC 0 ~ 10 V 输入的切换操作
	4	频率设定（电流）	若输入 DC 4 ~ 20 mA（或 0 ~ 5 V，0 ~ 10 V），在 20 mA 时为最大输出频率，输入输出成正比。只有 AU 信号为“ON”时此输入信号才会有效（端子 2 的输入将无效）。通过 PY.267 进行 4 ~ 20 mA（初始设定）、DC 0 ~ 5 V、DC 0 ~ 10 V 输入的切换操作；电压输入为 0 ~ 5V/0 ~ 10 V 时，电压/电流输入切换开关设为“OFF”
	5	频率设定公共端	频率设定信号（端子 2 或 4）及端子 AM 的公共端子。请勿接大地

表 5-2　控制电路接点输出端子的功能说明

种类	端子记号	端子名称	端子功能说明	
继电器输出	A、B、C	继电器输出（异常输出）	指示变频器因保护功能动作时输出停止的 1c 接点输出。异常时：B-C 间不导通(A-C 间导通)，正常时：B-C 间导通(A-C 间不导通）	
集电极开路输出	RUN	正在运行	变频器输出频率大于或等于启动频率（初始值 0.5 Hz）时为低电平，已停止或正在直流制动时为高电平	
	FU	频率检测	输出频率大于或等于任意设定的检测频率时为低电平，未达到时为高电平	
	SE	集电极开路输出公共端	端子 RUN、FU 的公共端子	
模拟电压输出	AM	模拟电压输出	可以从多种监视项目中选一种作为输出。变频器复位中不被输出。输出信号与监视项目的大小成比例	输出项目：输出频率（初始设定）

表 5-3 控制电路网络接口的功能说明

种类	端子记号	端子名称	端子功能说明
RS-485	—	PU 接口	通过 PU 接口，可进行 RS-485 通信 • 标准规格：EIA-485（RS-485） • 传输方式：多站点通信 • 通信速率：4 800 ~ 38 400 b/s • 总长距离：500 m
USB	—	USB 接口	与个人计算机通过 USB 连接后，可以实现 FRConfigurator 的操作 • 接口：USB1.1 标准 • 传输速度：12 Mb/s • 连接器：USB 迷你-B 连接器（插座：迷你-B 型）

2. 变频器的操作面板

1）操作面板说明

FR-E740 系列变频器的参数设置，通常利用固定在其上的操作面板（不能拆下）实现，也可以使用连接到变频器 PU 接口的参数单元（FR-PU07）实现。使用操作面板可以完成运行方式、频率的设定、运行指令监视、参数设定、错误表示等。操作面板如图 3-11 所示，其上半部分为面板显示器，下半部为 M 旋钮和各种按键。它们的具体功能分别如表 5-4 和表 5-5 所示。

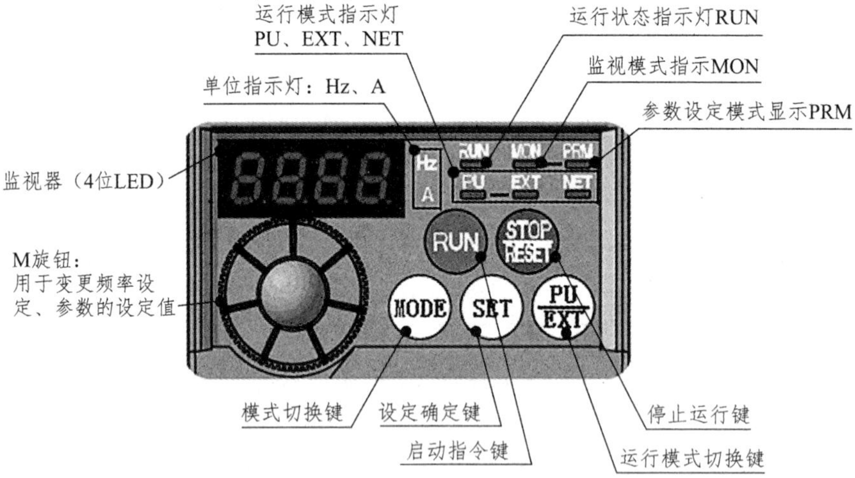

图 5-11 FR-E740 的操作面板

表 5-4 旋钮、按键功能

旋钮和按键	功 能
M 旋钮（三菱变频器旋钮）	旋动该旋钮用于变更频率设定、参数的设定值。 按下该旋钮可显示以下内容： · 监视模式时的设定频率 · 校正时的当前设定值 · 报警历史模式时的顺序

续表

旋钮和按键	功　能
模式切换键“MODE”	用于切换各设定模式。和运行模式切换键同时按下也可以用来切换运行模式。长按此键（2 s）可以锁定操作
设定确定键“SET”	各设定的确定键
运行模式切换键“PU/EXT”	用于切换 PU/外部运行模式。 使用外部运行模式（通过另接的频率设定电位器和启动信号启动的运行）时请按此键，使表示运行模式的 EXT 处于亮灯状态。切换至组合模式时，可同时按 MODE 键 0.5 s，或者变更参数 P.79
启动指令键“RUN”	在 PU 模式下，按此键启动运行。 通过 P.40 的设定，可以选择旋转方向
停止运行键“STOP/RESET”	在 PU 模式下，按此键停止运转。 保护功能（严重故障）生效时，也可以进行报警复位

表 5-5　运行状态显示

显　示	功　能
运行模式显示	PU：PU 运行模式时亮灯； EXT：外部运行模式时亮灯； NET：网络运行模式时亮灯
监视器（4 位 LED）	显示频率、参数编号等
监视数据单位显示	Hz：显示频率时亮灯； A：显示电流时亮灯 （显示电压时熄灯，显示设定频率监视时闪烁）
运行状态显示“RUN”	当变频器动作中亮灯或者闪烁，其中： • 亮灯：正转运行中； • 缓慢闪烁（1.4 s 循环）：反转运行中。 下列情况下出现快速闪烁（0.2 s 循环）： • 按键或输入启动指令都无法运行时； • 有启动指令，但频率指令在启动频率以下时； • 输入了 MRS 信号时
参数设定模式显示“PRM”	参数设定模式时亮灯
监视器显示“MON”	监视模式时亮灯

2）变频器的运行模式

由表 5-4 和表 5-5 可见，在变频器不同的运行模式下，各种按键、M 旋钮的功能各异。所谓运行模式是指对从输入到变频器的启动指令和设定频率的命令来源的指定。

一般来说，使用控制电路端子，以及在外部设置电位器和开关来进行的操作称为“外部运行模式（EXT 运行模式）”；使用操作面板或参数单元输入启动指令、设定频率的操作称为

“PU 运行模式”；通过 PU 接口进行 RS-485 通信或使用通信选件的操作称为“网络运行模式（NET 运行模式）”。在进行变频器操作以前，必须了解其各种运行模式，才能进行各项操作。

FR-E700 系列变频器通过参数 P.79 的值来指定变频器的运行模式，设定值范围为 0、1、2、3、4、6、7。这 7 种运行模式的内容及相关 LED 指示灯的状态如表 5-6 所示。

表 5-6　运行模式选择（P.79）

<table>
<tr><th>设定值</th><th colspan="2">内　容</th><th>LED 显示状态</th></tr>
<tr><td>0</td><td colspan="2">外部/PU 切换模式，通过 PU/EXT 键可切换 PU 与外部运行模式
注意：接通电源时为外部运行模式</td><td>外部运行模式：EXT 灯亮
PU 运行模式：PU 灯亮</td></tr>
<tr><td>1</td><td colspan="2">固定为 PU 运行模式</td><td>PU 灯亮</td></tr>
<tr><td>2</td><td colspan="2">固定为外部运行模式；
可以在外部、网络运行模式间切换运行</td><td>外部运行模式：EXT 灯亮
网络运行模式：NET 灯亮</td></tr>
<tr><td rowspan="3">3</td><td colspan="2">外部/PU 组合运行模式 1</td><td></td></tr>
<tr><td>频率指令</td><td>启动指令</td><td></td></tr>
<tr><td>用操作面板设定或用参数单元设定，或外部信号输入（多段速设定，端子 4 与 5 间，AU 信号 ON 时有效）</td><td>外部信号输入（端子 STF、STR）</td><td rowspan="4">PU 灯亮
NET 灯亮</td></tr>
<tr><td rowspan="3">4</td><td colspan="2">外部/PU 组合运行模式 2</td></tr>
<tr><td>频率指令</td><td>启动指令</td></tr>
<tr><td>外部信号输入（端子 2、4、JOG、多段速选择等）</td><td>通过操作面板的 RUN 键或通过参数单元的 FWD、REV 键来输入</td></tr>
<tr><td>6</td><td colspan="2">切换模式；
可以在保持运行状态的同时，进行 PU 运行、外部运行、网络运行的切换</td><td>PU 运行模式：PU 灯亮
外部运行模式：EXT 灯亮
网络运行模式：NET 灯亮</td></tr>
<tr><td>7</td><td colspan="2">外部运行模式（PU 运行互锁）；
X12 信号“ON”时，可切换到 PU 运行模式（外部运行中输出停止）；
X12 信号“OFF”时，禁止切换到 PU 运行模式</td><td>PU 运行模式：PU 灯亮
外部运行模式：EXT 灯亮</td></tr>
</table>

变频器出厂时，参数 P.79 设定值为 0。停止运行时，用户可以根据实际需要修改其设定值。修改 P.79 设定值的一种方法是：同时按住“MODE”键和“PU/EXT”键 0.5 s，然后旋转 M 旋钮，选择合适的 P.79 参数值，再用“SET”键确定。其变更方法如图 5-12（a）所示。

如果变频器运行在固定为外部运行模式的情况下，欲变更为 PU/外部组合运行模式 1，可采用修改 P.79 设定值的另一种：按“MODE”键使变频器进入参数设定模式；旋转 M 旋钮，选择参数 P.79，用“SET”键确定；然后再旋转 M 旋钮选择合适的设定值，再用“SET”键确定；两次按“MODE”键后，变频器的运行模式将变更为设定模式。其变更方法如图 5-12（b）所示。

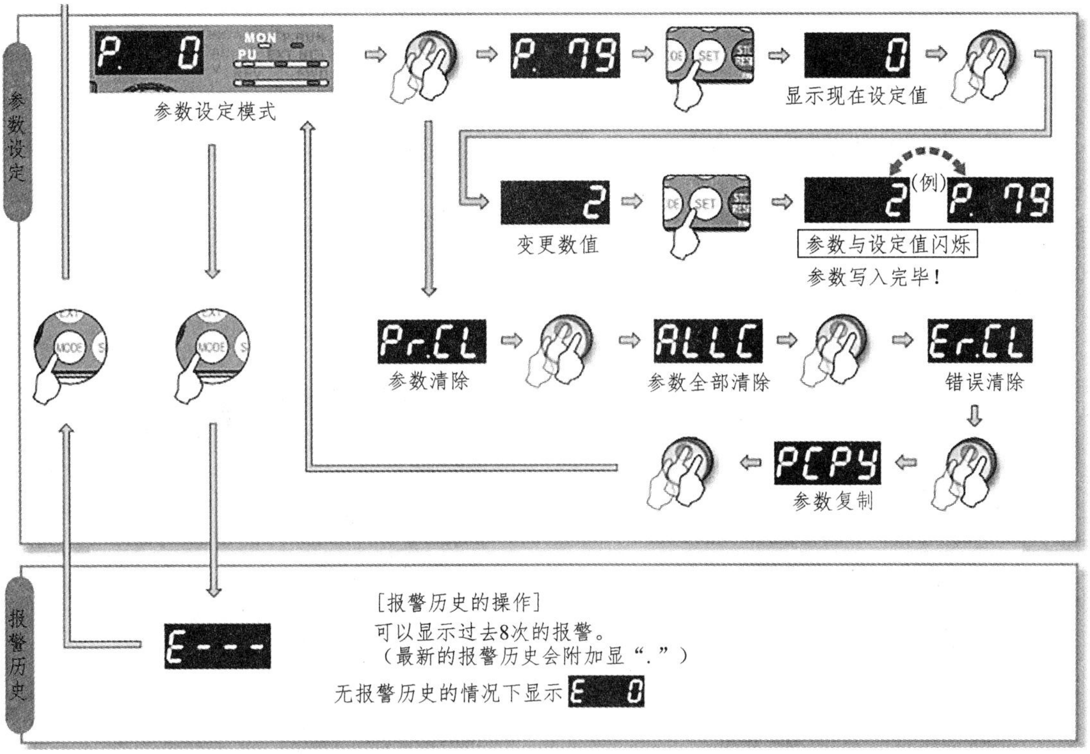

（a）运行模式变更示例1

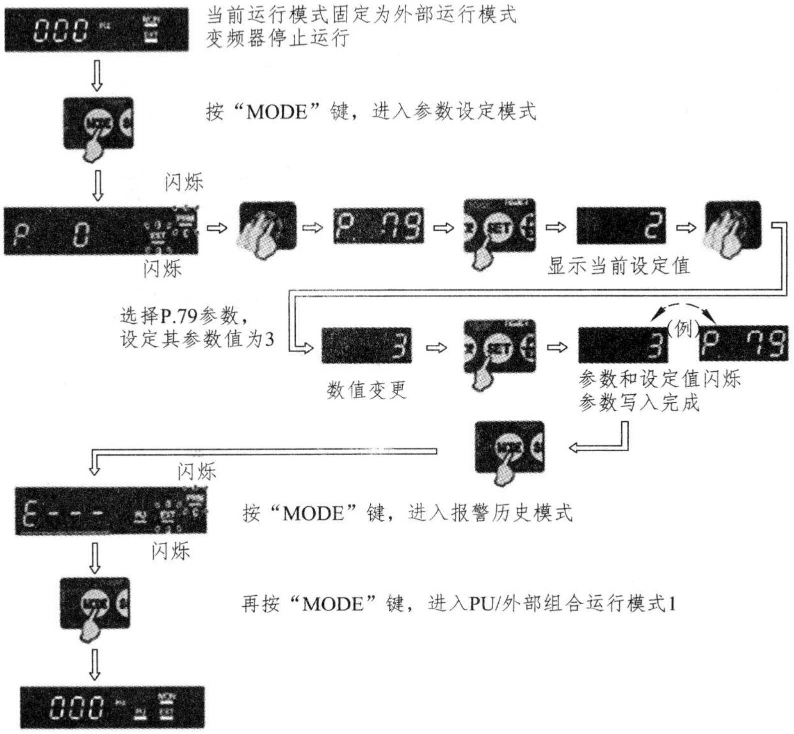

（b）运行模式变更示例2

图5-12　修改变频器的运行模式参数示例

3）设定参数的操作方法

变频器参数的出厂设定值被设置为完成简单的变速运行。如需按照负载和操作要求设定参数，则应进入参数设定模式，先选定参数号，然后设置其参数值。设定参数分两种情况：一种是停机 STOP 方式下重新设定参数，这时可设定所有参数；另一种是在运行时设定，这时只允许设定部分参数，但是可以核对所有参数号及参数。图 5-13 所示为参数设定过程的一个例子，所完成的操作是把参数 P.1（上限频率）从出厂设定值 120.0 Hz 变更为 50.0 Hz，假定当前运行模式为外部/PU 切换模式（P.79=0）。

操作

1. 电源接通时显示的监视器画面。
2. 按 (PU/EXT) 键，进入PU运行模式。
3. 按 (MODE) 键，进入参数设定模式。
4. 旋转 (旋钮)，将参数编号设定为 P. 1 (P.1)。
5. 按 (SET) 键，读取当前的设定值。显示“120.0”[120.00 Hz(初始值)]。
6. 旋转 (旋钮)，将值设定为“50.00”。(50.00 Hz)
7. 按 (SET) 键确定。

显示

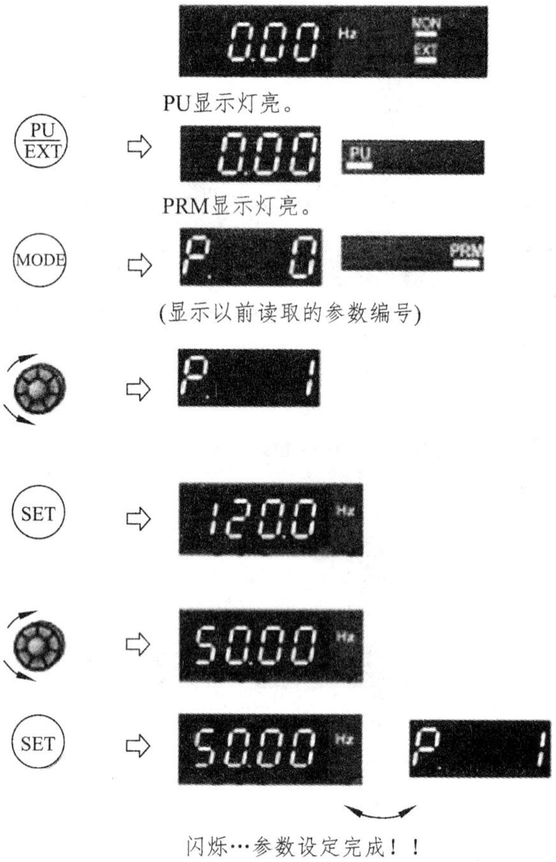

图 5-13　变更参数的设定值示例

3. 变频器常用参数设置

下面根据分拣单元工艺过程对变频器的要求，介绍一些常用参数的设定。关于参数设定更详细的说明请参照 FR-E740 变频器使用手册。

1）输出频率的限制（P.1、P.2、P.18）

为了限制电动机的速度，应对变频器的输出频率加以限制。用 P.1“上限频率”和 P.2“下限频率”来设定，可将输出频率的上、下限钳位。

输出频率为 120 Hz 以上时，用参数 P.18“高速上限频率”设定高速输出频率的上限。P.1

与 P.2 出厂设定为 0 ~ 120 Hz，出厂设定值分别为 120 Hz 和 0 Hz。P.18 出厂设定为 120 ~ 400 Hz。输出频率和设定值的关系如图 5-14 所示。

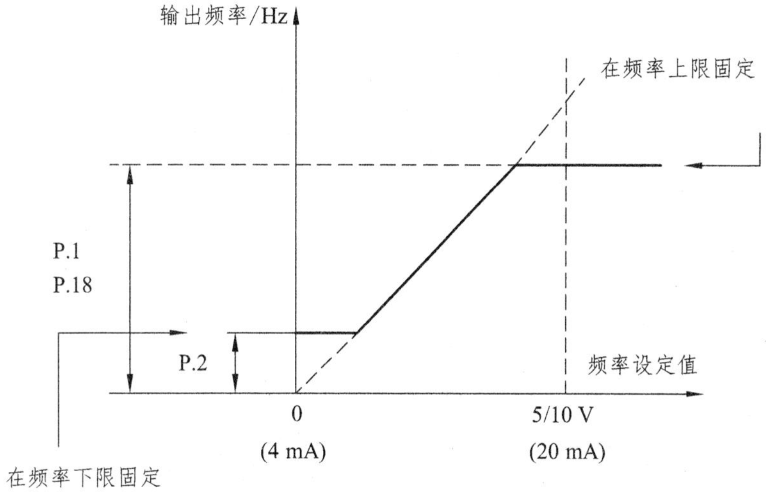

图 5-14　输出频率与设定频率关系

2）加减速时间（P.7、P.8、P.20、P.21）

各参数的意义及设定范围如表 5-7 所示。

表 5-7　加减速时间相关参数的意义及设定范围

参数号	参数意义	出厂设定	设定范围	备注
P.7	加速时间	5 s	0 ~ 3600/360 s	根据 P.21 加减速时间单位的设定值进行设定。初始值的设定为 0 ~ 3600 s，设定单位为 0.1 s
P.8	减速时间	5 s	0 ~ 3600/360 s	
P.20	加/减速基准频率	50 Hz	1 ~ 400 Hz	
P.21	加/减速时间单位	0	0/1	0：0 ~ 3600 s；设定单位：0.1 s 1：0 ~ 360 s；设定单位：0.01 s

设定说明：

（1）P.20 设定加、减速的基准频率，我国选为 50 Hz。

（2）P.7 用于设定从停止到 P.20 设定的加、减速基准频率的加速时间。

（3）P.8 用于设定从 P.20 设定的加、减速基准频率到停止的减速时间。

3）直流制动（P.10 ~ P.12）

在分拣过程中，若工作任务要求减速时间不能太小，且在工件高速移动下准确定位停车，以便把工件推出，这时常常需要使用直流制动方式。直流制动是通过向电动机施加直流电压来使电动机轴不转动的。其参数包括① 动作频率的设定（P.10）；② 动作时间的设定（P.11）；③ 动作电压（转矩）的设定（P.12）等 3 个参数。各参数的意义及设定范围如表 5-8 所示。

表 5-8 直流制动参数的意义及设定范围

参数编号	名 称	初 始 值	设定范围	内 容
10	直流制动动作频率	3 Hz	0 ~ 120 Hz	直流制动的动作频率
11	直流制动动作时间	0.5 s	0	无直流制动
			0.1 ~ 10 s	直流制动的动作时间
12	直流制动动作电压	0.4 ~ 7.5 kV	0 ~ 30%	直流制动电压（转矩） 设定为“0”时，无直流制动

4）多段速运行模式的操作

变频器在外部操作模式或组合操作模式 2 下，可以通过外接开关器件的组合通断来改变输入端子的状态，以实现调速。这种控制频率的方式称为多段速控制功能。

FR-E740 变频器的速度控制端子为 RH、RM 和 RL。通过这些开关的组合可以实现 3 段、7 段的控制。

转速的切换：由于转速的挡位是按二进制的顺序排列的，故三个输入端可以组合成 3 挡至 7 挡（0 状态不计）转速。其中，3 段速由 RH、RM、RL 单个通断来实现。7 段速由 RH、RM、RL 通断的组合来实现。

7 段速的各自运行频率则由参数 P.4 ~ P.6（设置前 3 段速的频率）、P.24 ~ P.27（设置第 4 段速至第 7 段速的频率）来设置，如表 5-9 所示。对应的控制端状态如图 5-15 所示。

表 5-9 多段速控制参数的设定范围

参 数 编 号	初始值（出厂设定）	设 定 范 围	备 注
4	50 Hz	0 ~ 400 Hz	
5	30 Hz	0 ~ 400 Hz	
6	10 Hz	0 ~ 400 Hz	
24 ~ 27	9999	0 ~ 400 Hz，9999	9999 未选择

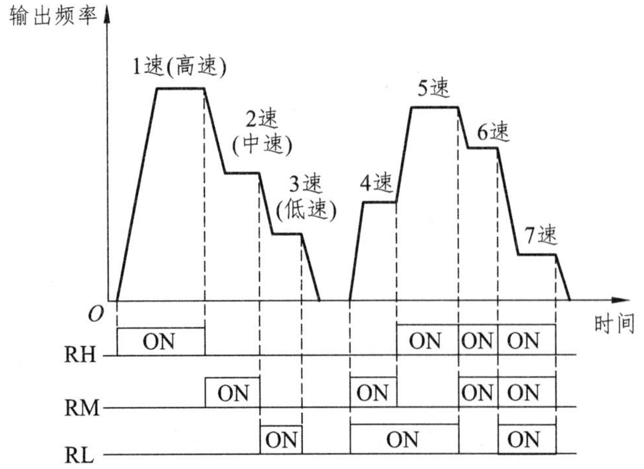

1速：RH单独接通，P.4设定频率
2速：RM单独接通，P.5设定频率
3速：RL单独接通，P.6设定频率
4速：RM、RL同时接通，P.24设定频率
5速：RH、RL同时接通，P.25设定频率
6速：RH、RM同时接通，P.26设定频率
7速：RH、RM、RL全通，P.27设定频率

图 5-15 多段速控制对应的控制端状态

5）通过模拟量输入（端子 2、4）设定频率

分拣单元变频器的频率设定除了用 PLC 输出端子控制多段速度设定外，还有连续设定频率的需求。例如，在变频器安装和接线完成进行运行试验时，常常将调速电位器连接到变频器的模拟量输入信号端，进行连续调速试验。此外，在触摸屏上指定变频器的频率时，频率也应该是连续可调的。需要注意的是，如果要用模拟量输入（端子 2、4）设定频率，则 RH、RM、RL 端子应断开，否则多段速度设定优先。

（1）模拟量输入信号端子的选择。

FR-E700 系列变频器提供 2 个模拟量输入信号端子（端子 2、4）用作连续变化的频率设定。在出厂设定情况下，只能使用端子 2，端子 4 无效。

要使端子 4 有效，需要在各触点输入端子 STF、STR…RES 之中选择一个，将其功能定义为 AU 信号输入。则当这个端子与 SD 端短接时，AU 信号为 ON，端子 4 变为有效，端子 2 变为无效。

（2）模拟量信号的输入规格。

如果使用端子 2，模拟量信号可为 DC 0 ~ 5 V 或 DC 0 ~ 10 V 的电压信号，用参数 P.73 指定。其出厂设定值为 1，指定为 DC 0 ~ 5 V 的输入规格，并且不能可逆运行。参数 P.73 参数的取值范围为 0、1、10、11，具体内容如表 5-10 所示。

表 5-10　模拟量输入选择（P.73）

参数编号	名　称	初始值	设定范围	内　容	
P.73	模拟量输入选择	1	0	端子 2 输入 DC 0 ~ 10 V	无可逆运行
			1	端子 2 输入 DC 0 ~ 5 V	
			10	端子 2 输入 DC 0 ~ 10 V	有可逆运行
			11	端子 2 输入 DC 0 ~ 5 V	

如果使用端子 4，模拟量信号可为电压输入（DC 0 ~ 5 V、DC 0 ~ 10 V）或电流输入（DC 4 ~ 20 mA 初始值），用参数 P.267 和电压/电流输入切换开关设定，并且要输入与设定相符的模拟量信号。P.267 取值范围为 0、1、2，具体内容如表 5-11 所示。

表 5-11　模拟量输入选择（P.267）

参数编号	名　称	初始值	设定范围	电压 / 电流输入切换开关	内　容
267	端子 4 输入选择	0	0	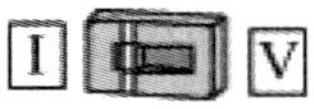 I V	端子 4 输入 DC 4 ~ 20 mA
			1	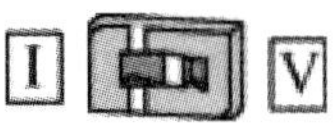 I V	端子 4 输入 DC 0 ~ 5 V
			2		端子 4 输入 DC 0 ~ 10 V

6）参数清除

当需要将变频器参数恢复为初始值时，可采用参数清除操作：在参数设定模式下，用 M 旋钮选择参数编号 Pr.CL 和 ALLC，把它们的值均置为 1，操作步骤如图 5-16 所示。注意，如

果设定“P.77 参数写入选择”为“1”，则无法清除。

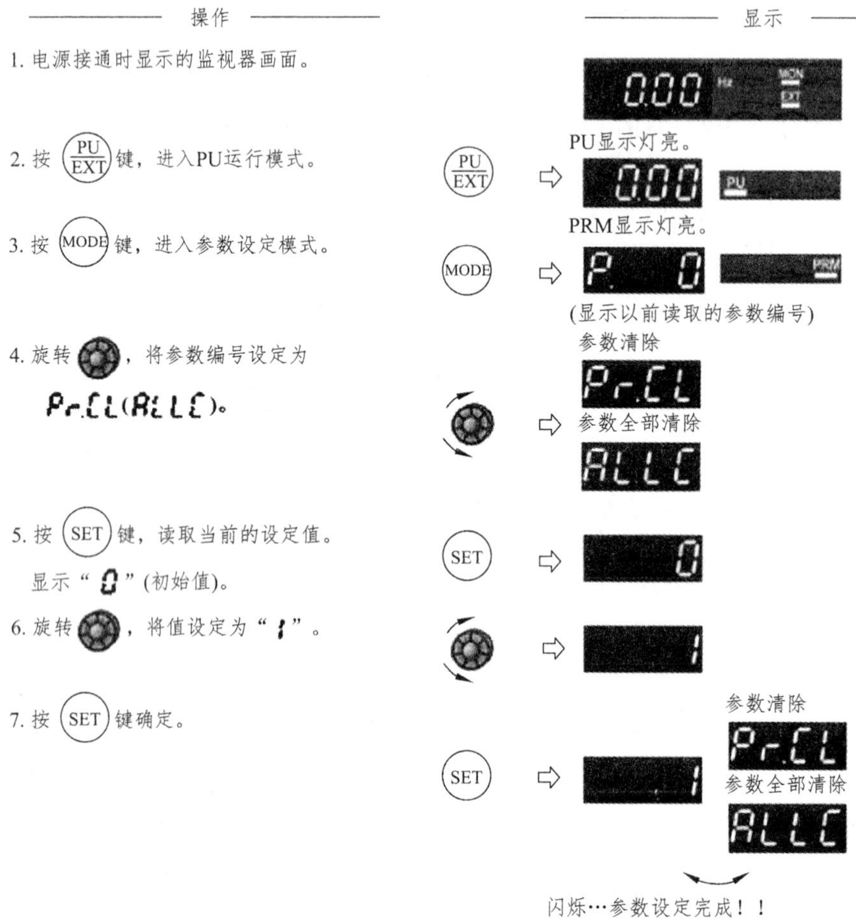

图 5-16　参数全部清除操作示意

4. 变频器采用模拟量输入控制

为了实现变频器输出频率连续可调，分拣单元 PLC 连接了模拟量输入/输出适配器 FX_{3U}-3A-ADP。通过 D/A 转换实现变频器的模拟量输入以达到连续调速的目的，而系统的起/停则由外部端子来控制。

1）FX_{3U}-3A-ADP 模拟量输入/输出适配器的性能规格

FX_{3U}-3A-ADP 是 2 通道模拟量输入和 1 通道模拟量输出，分辨率为 12 位二进制的模拟量输入/输出适配器。

对于 FX_{3U}、FX_{3UC} 可编程控制器，最多可连接 4 台 FX_{3U}-3A-ADP（包括其他模拟量功能扩展板和模拟量特殊适配器），可以实现电压输入、电流输入、电压输出、电流输出。各通道的 A/D 转换值被自动写入 FX_{3U}、FX_{3UC} 可编程控制器的特殊数据寄存器中。D/A 转换值根据 FX_{3U}、FX_{3UC} 可编程控制器中特殊数据寄存器的值而自动输出。

FX_{3U}-3A-ADP 模拟量输入输出适配器的外形及端子排列分别如图 5-17 和 5-18 所示，性能规格如表 5-12 所示。

表 5-12　FX_{3U}-3A-ADP 性能规格

<table>
<tr><th colspan="2">规　格</th><th>电 压 输 入</th><th>电 流 输 入</th><th>电 压 输 出</th><th>电 流 输 出</th></tr>
<tr><td colspan="2">输入输出点数</td><td colspan="2">2 通道</td><td colspan="2">1 通道</td></tr>
<tr><td colspan="2">模拟量输入输出范围</td><td>DC 0 ~ 10 V（输入电阻：198.7 kΩ）</td><td>DC 4 ~ 20 mA（输入电阻：250 kΩ）</td><td>DC 0 ~ 10 V（外部负载：5 kΩ ~ 1 MΩ）</td><td>DC 4 ~ 20 mA（外部负载：500Ω 以下）</td></tr>
<tr><td colspan="2">最大绝对输入</td><td>−0.5 V，+15 V</td><td>−2 mA，+30 mA</td><td>—</td><td>—</td></tr>
<tr><td colspan="2">数字量输入输出</td><td colspan="4">12 位二进制数</td></tr>
<tr><td colspan="2">分辨率</td><td>2.5 mV（10 V×1/4000）</td><td>5μA（16 mA×1/3200）</td><td>2.5 mV（10 V×1/4000）</td><td>4 μA（16 mA×1/4000）</td></tr>
<tr><td rowspan="2">综合准确度</td><td>环境温度 25℃±5℃</td><td>针对满量程：10 V±50 mV（±0.5%）</td><td>针对满量程：16 mA±80 μA（±0.5%）</td><td>针对满量程：10 V±50 mV（±0.5%）</td><td>针对满量程：16 mA±80 μA（±0.5%）</td></tr>
<tr><td>环境温度 0 ~ 55℃</td><td>针对满量程：10 V±100 mV（±1.0%）</td><td>针对满量程：16 mA±160 μA（±1.0%）</td><td>针对满量程：10 V±100 mV（±1.0%）</td><td>针对满量程：16 mA±160 μA（±1.0%）</td></tr>
<tr><td colspan="2">转换时间</td><td colspan="4">90 μs×使用输入 ch（通道）数+50 μs×使用输出 ch（通道）数（以运算周期为单位更新资料）</td></tr>
<tr><td colspan="2">隔离方式</td><td colspan="4">1. 模拟量输入输出部分和 PLC 之间，通过光电隔离；
2. 电源和模拟量输入之间，通过 DC/DC 转换器隔离；
3. 各 ch（通道）间不隔离</td></tr>
<tr><td colspan="2">电源</td><td colspan="4">1. DC 5 V，20 mA（PLC 内部供电）；
2. DC 24 V，−15% ~ +20%，90 mA（外部供电）</td></tr>
<tr><td colspan="2">输入输出占用点数</td><td colspan="4">0 点（与 PLC 的最大输入输出点数无关）</td></tr>
</table>

图 5-17　FX_{3U}-3A-ADP 型模拟量输入输出适配器外形

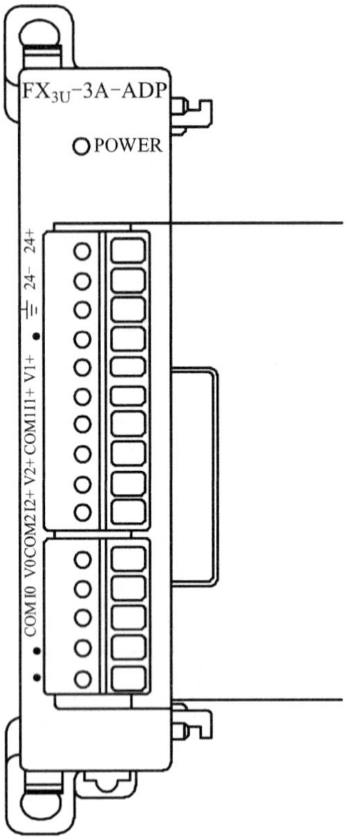

信号名称	用　途
24+	外部电源
24−	
⏚	接地端子
•	空端子
V1+	通道1，模拟量输入
I1+	
COM1	
V2+	通道2，模拟量输入
I2+	
COM2	
V0	模拟量输出
I0	
COM	
•	空端子
•	

图 5-18　FX_{3U}-3A-ADP 端子排列

（1）接线。

模拟量输入和输出的接线原理分别如图 5-19、图 5-20 所示。接线时要注意，使用电流输入时，端子“V□+”与“I□−”应短接。

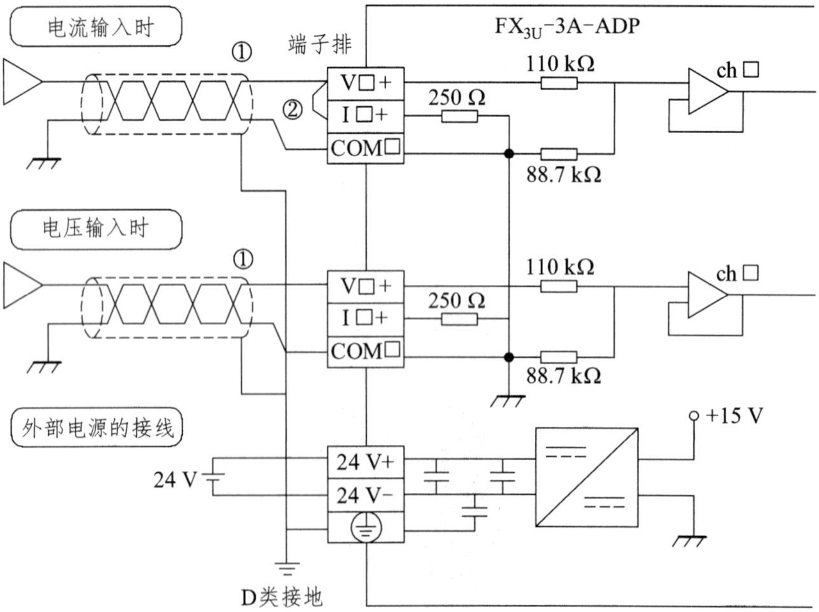

图 5-19　FX_{3U}-3A-ADP 模拟量输入接线图

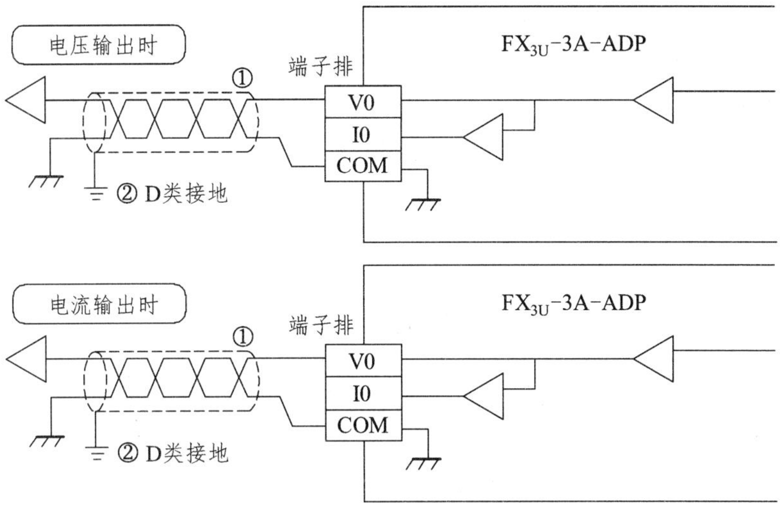

图 5-20　FX_{3U}-3A-ADP 模拟量输出接线图

（2）编程举例。

① 转换数据的获取和写入。

A. A/D 转换数据的获取。

a. 输入的模拟量数据被转换成数字量，并被保存在 FX_{3U}PLC 的特殊软元件中。

b. 通过向特殊软元件写入数值，可以设定平均次数或者指定输入模式。

c. 依照从基本单元开始的连续顺序，分配特殊软元件，每台分配特殊辅助继电器、特殊数据寄存器各 10 个，FX_{3U}-3A-ADP 转换数据的获取/写入如图 5-21 所示。

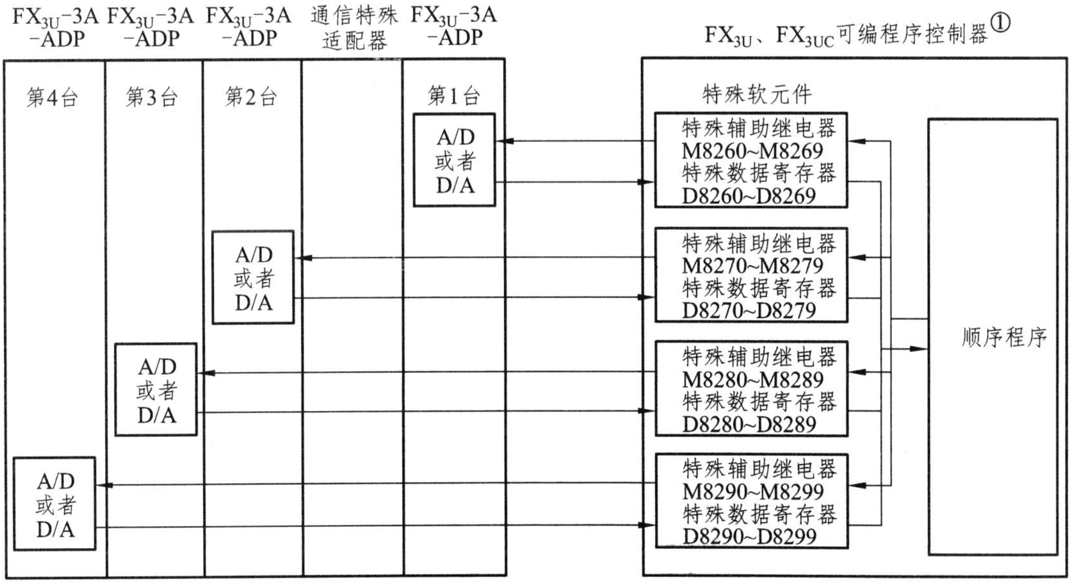

图 5-21　FX_{3U}-3A-ADP 转换数据的获取/写入

B. D-A 转换数据的写入

a. 输入的数字值被转换成模拟值，并输出。

b. 通过向特殊软元件写入数值，可以设定输出保持。

c. 依照从基本单元开始的连续顺序，分配特殊软元件，每台分配特殊辅助继电器、特殊数据寄存器各 10 个，如图 3-21 所示。

从最靠近基本单元处开始，依次数第 1 台、第 2 台……但是，高速输入/输出特殊适配器以及通信特殊适配器、CF 卡特殊适配器不包含在内。

② 特殊软元件。

对于 FX_{3U}、FX_{3UC} 系列的 PLC，连接 FX_{3U}-3A-ADP 时，与之相关的特殊软元件的分配如表 5-13 所示。

表 5-13 特殊软元件

特殊软元件	软元件编号				内 容	属性
	第 1 台	第 2 台	第 3 台	第 4 台		
特殊辅助继电器	M8260	M8270	M8280	M8290	通道 1 输入模式切换	读出/写入
	M8261	M8271	M8281	M8291	通道 2 输入模式切换	读出/写入
	M8262	M8272	M8282	M8292	输出模式切换	读出/写入
	M8263	M8273	M8283	M8293	未使用（请不要使用）	—
	M8264	M8274	M8284	M8294		
	M8265	M8275	M8285	M8295		
	M8266	M8276	M8286	M8296	输出保持解除设定	读出/写入
	M8267	M8277	M8287	M8297	设定输入通道 1 是否使用	读出/写入
	M8268	M8278	M8288	M8298	设定输入通道 2 是否使用	读出/写入
	M8269	M8279	M8289	M8299	设定输出通道是否使用	读出/写入
特殊数据寄存器	D8260	D8270	D8280	D8290	通道 1 输出数据	读出
	D8261	D8271	D8281	D8291	通道 2 输出数据	读出
	D8262	D8272	D8282	D8292	输出设定数据	读出/写入
	D8263	D8273	D8283	D8293	未使用（请不要使用）	—
	D8264	D8274	D8284	D8294	通道 1 平均次数（设定为 1～4095）	读出/写入
	D8265	D8275	D8285	D8295	通道 2 平均次数（设定为 1～4095）	读出/写入
	D8266	D8276	D8286	D8296	未使用（请不要使用）	—
	D8267	D8277	D8287	D8297		
	D8268	D8278	D8288	D8298	错误状态	读出/写入
	D8269	D8279	D8289	D8299	机型代码=50	读出

变频器模拟量控制时，变频器参数的设置如表 5-14 所示。

表 5-14　变频器模拟量控制时参数的设置

序号	参数号	参 数 名 称	设置值	初始值	功能和含义
1	P.7	加速时间	1 s	5/10/15 s	电动机加速时间
2	P.8	减速时间	0.1 s	5/10/15 s	电动机减速时间
3	P.61	基准电流	0.18 A	9999	以设定值（电动机额定电流）为基准
4	P.73	模拟量输入选择	0	1	端子 2 输入
5	P.83	电动机额定电压	380 V	200/400 V	电动机额定电压
6	P.79	运行模式选择	2	0	外部运行模式固定

③ 基本程序举例。

下面介绍模拟量转换数据输入/输出基本程序编制（见图 5-22）。

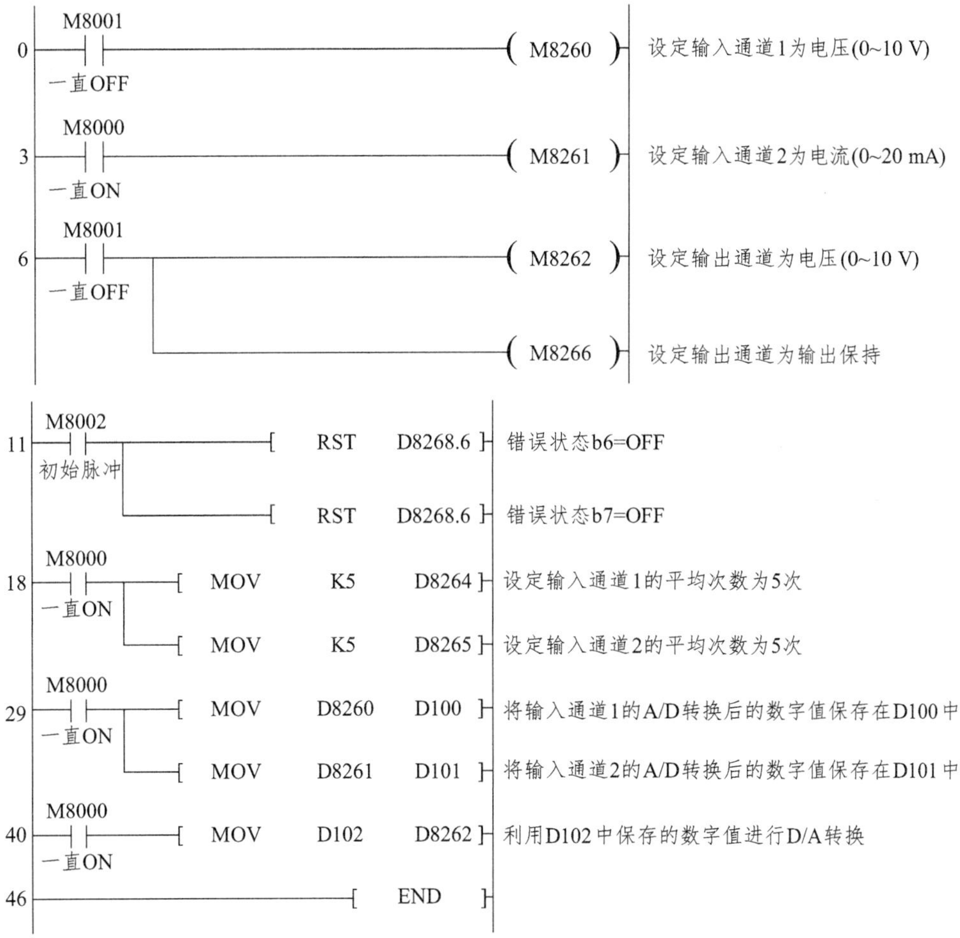

图 5-22　基本程序举例

设定第 1 台的输入通道 1 为电压输入、输入通道 2 为电流输入，并将它们的 A/D 转换值分别保存在 D100、D101 中。此外，设定输出通道为电压输出，并将 D/A 转换的数字值设定为 D102。

即使不在 D100、D101 中保存输入数据，也可以在定时器、计数器的设定值或者 PID 指令等中直接使用 D8260、D8261。

用人机界面或顺控程序，向 D102 输入指定为模拟量输出的数字值。

假设要求分拣单元变频器以 35 Hz 频率运行，则变频器调速部分的模拟量控制梯形图如图 5-23 所示。

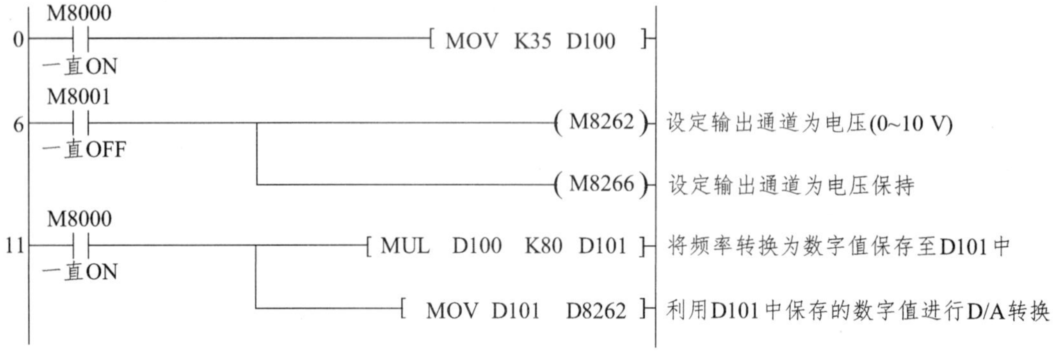

图 5-23 变频器用 FX_{3U}-3A-ADP 实现模拟量控制梯形图

5. 变频器采用通信控制

当分拣单元变频器的频率通过通信方式控制时，分拣单元 PLC 需连接一 RS-485 通信适配器 FX_{3U}-485ADP，主要用于 PLC 与变频器之间的无协议通信。以 RS-485 通信方式连接 FX_{3U}PLC 与变频器，通过变频器专用指令对最多 8 台变频器进行运行监控以及参数的读出、写入。

1）FX_{3U}-485ADP 通信适配器简介

FX_{3U}-485ADP 通信适配器的外形如图 5-24 所示。其性能规格如表 5-15 所示。

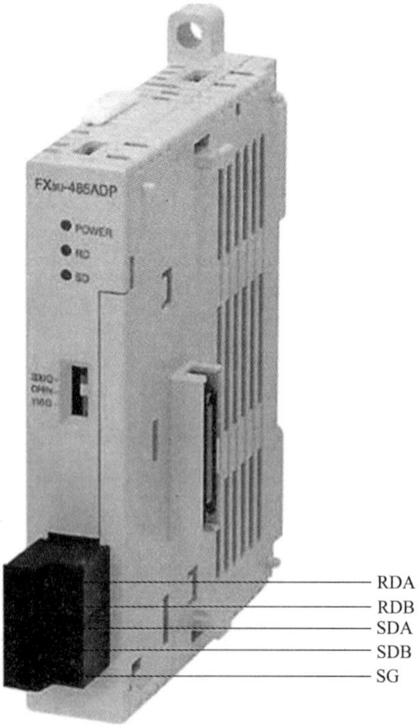

图 5-24 FX_{3U}-485ADP 型通信适配器的外形

表 5-15　FX_{3U}-485ADP 的性能规格

规　格	内　　容			
传送规格	符合 RS-485 规格			
总延长距离	所有的通信模块都使用特殊适配器时：500 m； 使用功能扩展板，或者系统中混用时：50 m			
通信方式	半双工双向			
传输速度/（b/s）	38 400			
连接台数	最大 8 台			
链接点数	模式 0	位软元件：0 点		
		字软元件：4 点		
	模式 1	位软元件：32 点		
		字软元件：4 点		
	模式 2	位软元件：64 点		
		字软元件：8 点		
链接刷新时间/ms	模式 0	根据连接台数	2 台	18
			3 台	26
			4 台	33
			5 台	41
			6 台	49
			7 台	57
			8 台	65
	模式 1	根据连接台数	2 台	22
			3 台	32
			4 台	42
			5 台	52
			6 台	62
			7 台	72
			8 台	82
	模式 2	根据连接台数	2 台	34
			3 台	50
			4 台	66
			5 台	83
			6 台	99
			7 台	115
			8 台	131

2）变频器与 PLC 之间的通信连接及参数设置

（1）变频器与 PLC 通信连接。

分拣单元 PLC 通过通信适配器 FX_{3U}-485ADP 与 FR-E740 变频器的接线如图 5-25 所示，连接时 RJ45 插头为变频器的 PU 接口，另一端对应信号线接在 FX_{3U}-485ADP 的 5 个信号端。

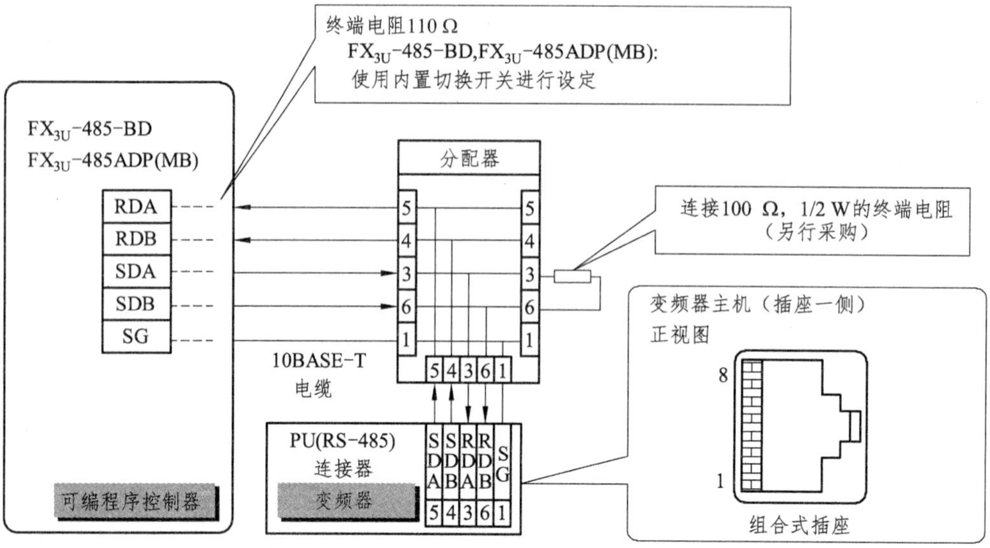

图 5-25　变频器与 PLC 的通信连接

（2）变频器参数的设置。

PLC 和变频器之间进行通信，通信规格必须在变频器的初始化中设定，如果没有进行初始化设定或有一个错误的设定，数据将不能进行传输。每次参数初始化设定完成后，必须复位变频器。如果改变与通信相关的参数后，没有复位变频器，通信将不能进行。FR-E700 系列变频器通信参数设置如表 5-16 所示。

表 5-16　FR-E700 系列变频器通信参数设置

参数	名　称	设置值	初 始 值	内　容
P.160	扩展参数的显示	0	0	可以显示简单模式和扩展模式
P.7	加速时间	1 s	5/10/15 s	电动机加速时间
P.8	减速时间	1 s	5/10/15 s	电动机减速时间
P.9	电子过电流保护	0.18 A	变频器额定电流	设定电动机的额定电流
P.19	基准频率电压	220 V	9999	基准电压
P.117	PU 通信站号	1	0	变频器站号指定为 1
P.118	PU 通信速率	96	192	通信速率设定值×100 即通信速率（例如设定为 96 时，通信速率为 9 600 b/s）
P.119	PU 通信停止位长	10	1	停止位长：1 bit，数据位长：7 bit
P.120	PU 通信奇偶校验	2	2	偶校验
P.122	PU 通信校验时间间隔	9999	0	不进行通信校验（断线检测）
P.124	PU 通信有无 CR/LF 选择	1	1	设置 0 时不能监控参数（无 CR、LF） 设置 1 时可监控参数（有 CR、无 LF）
P.340	通信启动模式选择	10	0	网络模式
P.79	运行模式选择	2	0	

提示：参数设置完毕后，变频器应重新上电。

3）PLC 参数的设置

PLC 用通信方式实现对变频器控制，PLC 需进行相应的参数设置，其方法是打开三菱 FX 系列 PLC 编程软件 GX Developer，进入编程界面，打开工程数据列表栏（见图 5-26）。双击其下拉菜单“PLC 参数”，即弹出 FX 参数设置对话框（见图 5-27），在图中单击 PLC 系统（2），进入 FX 参数设置界面（见图 5-28）。在图中单击倒实三角形选择 CH2，勾选通信设置操作，其他参数设置如图 5-29 所示。这样变频器就可以通过 RS-485 接口与 PLC 进行通信了。

图 5-26　选择 PLC 参数

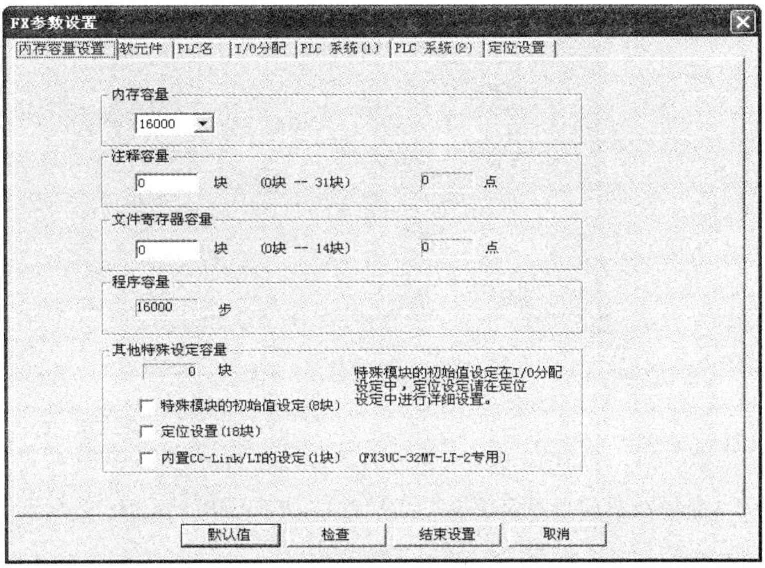

图 5-27　FX 参数设置对话框

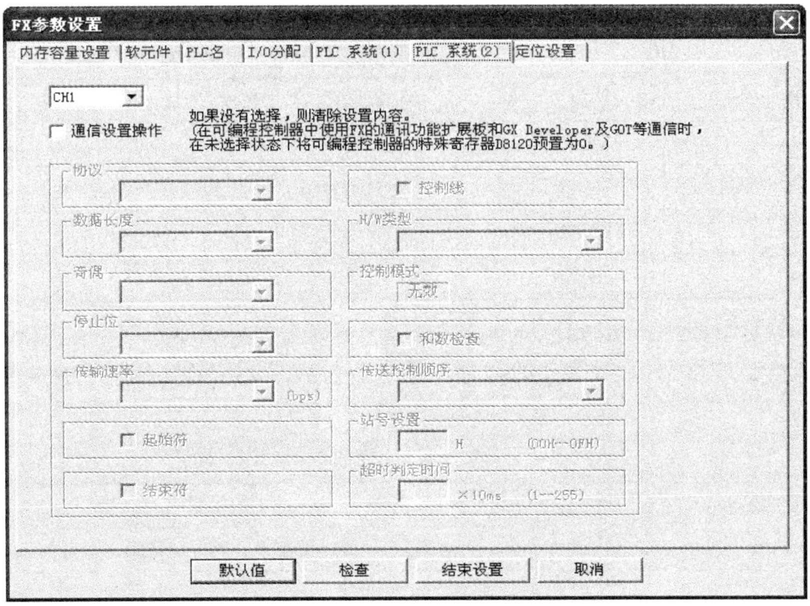

图 5-28　FX 参数设置界面

提示：PLC 系统参数设置应和变频器参数设置保持一致，关于指令执行时间详见相关手册。对于通道 2，可用 D8157 的值监视变频器通信错误代码，来确定变频器状态是否正常。

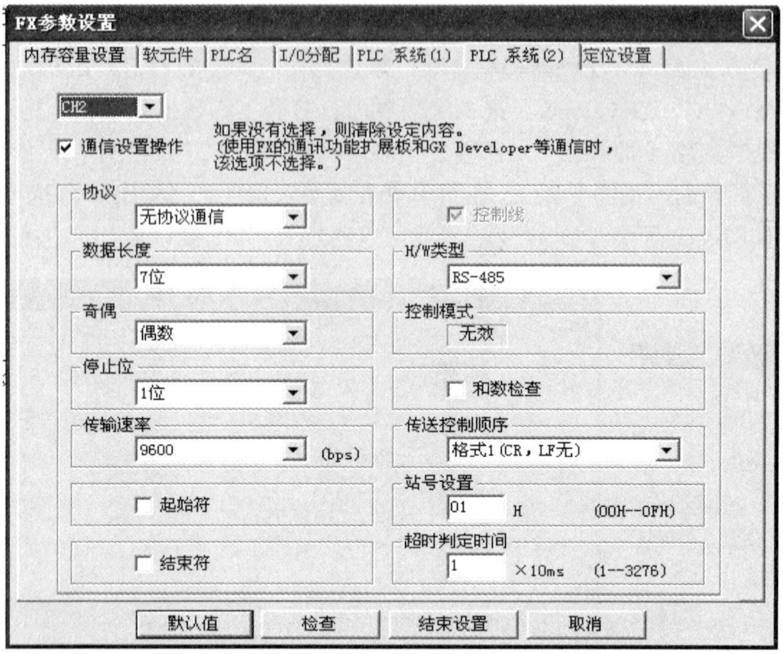

图 5-29 FX 参数设置

4）变频器的通信指令

变频器通信指令是 FX_{3U} 系列 PLC 对 FRQROL 系列变频器进行运行控制（即参数的读写操作）的指令（见表 5-17）。

表 5-17 变频器通信指令

功能号（FNC No.）	助记符	指令名称	PLC 系列	
			FX3U	FX2N
270	IVCK	变频器运行监控	√	×
271	IVDR	变频器运行控制	√	×
272	IVRD	变频器参数读取	√	×
273	IVWR	变频器参数写入	√	×
274	IVBWR	变频器参数成批写入	√	×

（1）变频器运行监控指令（IVCK）。

变频器运行监控指令（IVCK）的名称、编号、位数、助记符、功能、操作数等使用要素如表 5-18 所示。

表 5-18 变频器运行监控指令使用要素

指令名称	指令编号位数	助记符	功能	操作数				程序步
				[S1.]	[S2.]	[D.]	n	
变频器运行监控	FNC270（16）	IVCK	用于将变频器运行状态读出	D，R，U□\G□	D，R，U□\G□	KnY，KnM，KnS，D，R，U□\G□	K，H	9 步

IVCK 指令的应用说明如图 5-30 所示。

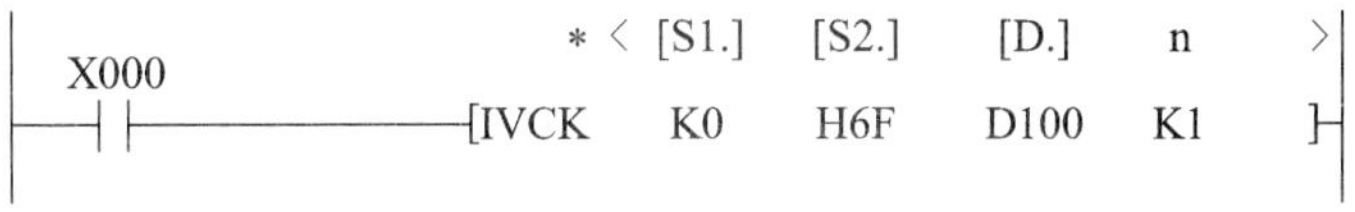

图 5-30　IVCK 指令的应用说明

其中，[S1.]：变频器站号（K0 ~ K31）。

[S2.]：读变频器的指令代码。

[D.]：保存读出值的软元件地址。

n：使用的通道号（K1 或 K2）。

图 5-30 中，当 X000 为“ON”时，将通过通道 1 读取 0 号站变频器的输出频率到寄存器 D100 中。

在 IVCK 指令中，操作数[S2.]中指定的变频器指令代码及其功能如表 5-19 所示。表中未记载的指令代码有可能发生通信错误，请勿使用。

表 5-19　变频器指令代码

变频器指令代码（16 进制数）	读出内容	适用的变频器								
		F700	A700	E700	D700	V500	F500	A500	E500	S500
H6D	读取设定频率（RAM）	√	√	√	√	√*	√	√	√	√
H6E	读取设定频率（EEPROM）	√	√	√	√	√*	√	√	√	√
H6F	输出频率	√	√	√	√	√*	√	√	√	√
H70	输出电流	√	√	√	√	√	√	√	√	×
H71	输出电压	√	√	√	√	√	√	√	×	×
H72	特殊监视	√	√	√	√	√	√	√	×	×
H73	特殊监视选择号	√	√	√	√	√	√	√	√	√
H74	故障代码	√	√	√	√	√	√	√	√	√
H75	故障代码	√	√	√	√	√	√	√	√	×
H76	故障代码	√	√	√	√	√	√	√	√	×
H77	故障代码	√	√	√	√	×	×	×	×	×
H79	变频器状态监视（扩展）	√	√	√	√	√	√	√	√	√
H7A	变频器状态监视	√	√	√	√	√	√	√	√	√
H7B	操作模式	√	√	√	√	√	√	√	√	√
H7F	链接参数的扩展设定	在本指令中，不能用[S2.]给出指令在 IVRD 指令中，通过指定[第 2 参数指定代码]会自动处理								
H6C	第 2 参数的切换									

进行频率读出时，请在执行 IVCK 指令前向指令代码 HFF（链接参数的扩展设定）中写入“0”，否则频率可能无法读出。

变频器状态监视命令（代码 H7A）如监视到 H02，表示电动机在运行中（见表 5-20）。

表 5-20 变频器状态监视命令代码

项目	命令代码	位长	内容	示例
变频器状态监视器	H7A	8 bit	b0：RUN（变频器运行中）① b1：正转中 b2：反转中 b3：SU（频率到达） b4：OL（过载） b5：— b6：FU（频率检测）① b7：ABC（异常）①	[例 1] H02：正转中 b7 … b0 0 0 0 0 0 0 1 0 [例 2] H80：因发生异常而停止 b7 … b0 1 0 0 0 0 0 0 0
变频器状态监视器（扩展）	H79	16 bit	b0：RUN（变频器运行中）① b1：正转中 b2：反转中 b3：SU（频率到达） b4：OL（过载） b5：— b6：FU（频率检测）① b7：ABC（异常）① b8：— b9：— b10：— b11：— b12：— b13：— b14：— b15：发生异常	[例 1] H0002：正转中 b15 … b0 0 0 0 0 0 0 0 0 0 0 0 0 0 0 1 0 [例 2] H8080：因发生异常而停止 b15 … b0 1 0 0 0 0 0 0 0 1 0 0 0 0 0 0 0

注：① 表示括号内的信号为初始状态下的信号，其内容根据 P.190~P.192（输出端子功能选择）的设定而定。

（2）变频器运行控制指令（IVDR）。

变频器运行控制指令（IVDR）的名称、编号、位数、助记符、功能、操作数等使用要素如表 5-21 所示。

其中，[S1.]：变频器站号（K0～K31）。

[S2.]：写变频器的指令代码。

[S3.]：写入到变频器的数值或保存数值的软元件地址。

n：使用的通道号（K1 或 K2）。

表 5-21　变频器运行控制指令使用要素

指令名称	指令编号位数	助记符	功能	操作数				程序步
				[S1.]	[S2.]	[S3.]	n	
变频器运行监控	FNC271（16）	IVDR	用于写入变频器运行所需的控制	D，R，U□\G□	D，R，U□\G□	KnY，KnM，KnS，D，R，U□\G□	K，H	9 步

在图 5-31 中，当 X001 为“ON”时，将正转（指令代码 HFA）的指令数据 H2 通过通道 1 写入变频器。

IVDR 指令中，操作数[S2.]中指定的变频器指令代码及其功能如表 5-22 所示，有关指令代码的详细说明请参考变频器的使用手册。

IVDR 指令的应用说明如图 5-31 所示。

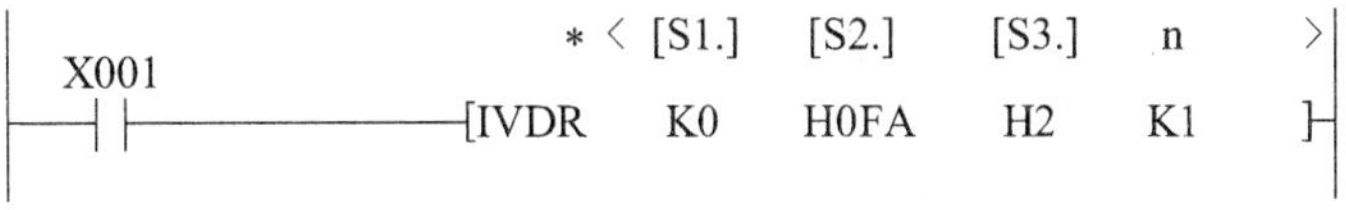

图 5-31　IVDR 指令的应用说明

表 5-22　变频器运行控制指令代码

变频器运行控制指令代码（16 进制数）	写入内容	适用的变频器								
		F700	A700	E700	D700	V500	F500	A500	E500	S500
HED	写入设定频率（RAM）	√	√	√	√	√③	√	√	√	√
HEE	写入设定频率（EEPROM）	√	√	√	√	√③	√	√	√	√
HF3	特殊监视的选择	√	√	√	√	√	√	√	√	√
HF4	故障内容的成批清除	√	√	√	√	×	√	√	√	×
HF9	运行指令（扩展）	√	√	√	√	√	×	×	×	×
HFA	运行指令	√	√	√	√	√	√	√	√	√
HFB	操作模式	√	√	√	√	√	√	√	√	√
HFC	参数的全部清除	√	√	√	√	√	√	√	√	√
HFD①	变频器复位②	√	√	√	√	√	√	√	√	√
HFC	用户清除	√	√	√	×	×	√	√	×	×
HFF	链接参数扩展设定	√	√	√	√	√	√	√	√	√

注：①——由于变频器不会对指令代码 HFD（变频器复位）给出响应，所以即使对没有连接变频器的站号执行变频器复位也不会报错。此外，从变频器复位指令执行结束需要 2~3 s。

②——进行变频器复位时，应在 IVDR 指令的操作数[S3]中指定 H9696，不可使用 H9696。

③——进行频率读出时，应在执行 IVDR 指令前向指令代码 HFF（链接参数扩展设定）中写入“0”；没有写入“0”时，指令可能无法正常读出。

变频器指令（代码 HFA）如为 H02，则表示电动机正转（见表 5-23）。

表 5-23　变频器运行指令

项目	命令代码	位长	内　　容	示　　例
运行指令	HFA	8 bit	b0：AU（电流输入选择）③ b1：正转指令 b2：反转指令 b3：RL（低速指令）①、③ b4：RM（中速指令）①、③ b5：RH（高速指令）①、③ b6：RT（第 2 功能选择）③ b7：MRS（输出停止）①、③	[例 1]　H02：正转中 b7 … b0 0 | 0 | 0 | 0 | 0 | 0 | 1 | 0 [例 2]　H00：停止 b7 … b0 0 | 0 | 0 | 0 | 0 | 0 | 0 | 0
运行指令（扩展）	HF9	16 bit	b0：AU（电流输入选择）③ b1：正转指令 b2：反转指令 b3：RL（低速指令）①、③ b4：RM（中速指令）①、③ b5：RH（高速指令）①、③ b6：RT（第 2 功能选择）③ b7：MRS（输出停止）①、③ b8：— b9：— b10：— b11：RES（复位）②、③ b12：— b13：— b14：— b15：—	[例 1] H0002：正转中 b15 … b0 0 | 0 | 0 | 0 | 0 | 0 | 0 | 0 | 0 | 0 | 0 | 0 | 0 | 0 | 1 | 0 [例 2]H0800：低速运行 （P.184RES 端子功能选择=“0”时） b15 … b0 0 | 0 | 0 | 0 | 1 | 0 | 0 | 0 | 0 | 0 | 0 | 0 | 0 | 0 | 0 | 0

注：①——括号内的信号为初始状态下的信号，其内容由 P.180~P.184（输入端子功能选择）的设定而变更。

②——括号内的信号为初始状态下的信号。由于复位无法通过网络来控制，所以初始状态下 b11 无效。使用 b11 时，应通过 P.184（RES 端子功能选择）来变更信号（可以通过命令代码 HFD 来执行复位）。

③——P.551=2（PU 模式操作权由 PU 接口执行），只有正转指令和反转指令可以使用。

（3）变频器参数读取指令（IVRD）。

变频器参数读取指令（IVRD）的名称、编号（位数）、助记符、功能、操作数及程序步等要素如表 5-24 所示。

表 5-24　变频器参数读取指令使用要素

指令名称	指令编号位数	助记符	功能	操作数				程序步
				[S1.]	[S2.]	[D.]	n	
变频器参数读取	FNC272（16）	IVRD	用于将变频器参数读取	D，R，U□\G□	D，R，U□\G□	D，R，U□\G□	K，H	9 步

IVRD 指令的应用说明如图 5-32 所示。

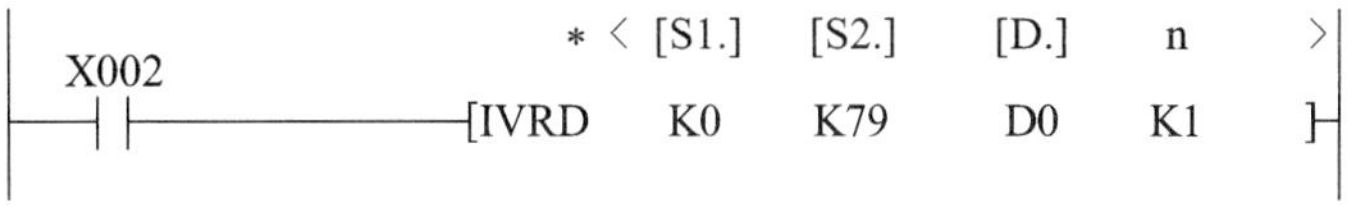

图 5-32　IVRD 指令的应用说明

其中，[S1.]：变频器站号（K0 ~ K31）。

[S2.]：变频器的参数号。

[D.]：保存读出值的软元件地址。

n：使用的通道号（K1 或 K2）。

图 5-32 中，当 X002 为“ON”时，将通过通道 1 读出变频器的参数号 P.79 的值并保存到 D0 中。

（4）变频器参数写入指令（IVWR）。

变频器参数写入指令（IVWR）的名称、编号、位数、助记符、功能、操作数等使用要素如表 5-25 所示。

表 5-25　变频器参数写入指令使用要素

指令名称	指令编号位数	助记符	功能	操作数				程序步
				[S1.]	[S2.]	[S3.]	n	
变频器参数写入	FNC273（16）	IVWR	用于将变频器参数写入	D，R，U□\G□	D，R，U□\G□	D，R，U□\G□	K，H	9 步

IVWR 指令的应用说明如图 5-33 所示。

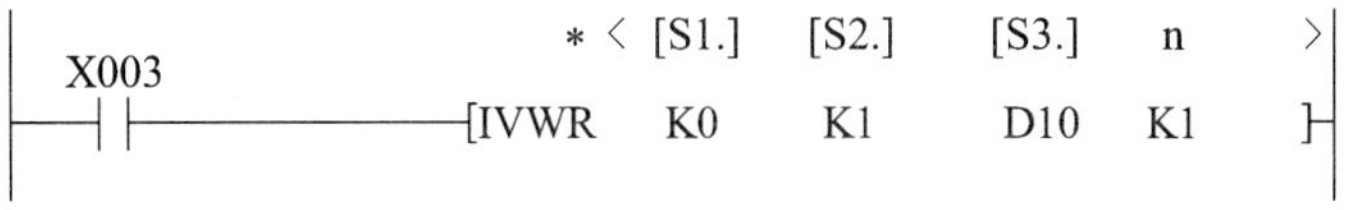

图 5-33　IVWR 指令的应用说明

其中，[S1.]：变频器站号（K0 ~ K31）。

[S2.]：写变频器的参数号。

[S3.]：写入参数值的软元件地址。

n：使用的通道号（K1 或 K2）。

图 5-33 中，当 X003 为“ON”时，将通过通道 1 把 D10 中的值写入到变频器的参数号 P.1 中。

（5）变频器参数成批写入指令（IVBWR）。

变频器参数成批写入指令（IVBWR）的名称、编号、位数、助记符、功能、操作数等使用要素如表 5-26 所示。

表 5-26 变频器参数成批写入指令要素

指令名称	指令编号位数	助记符	功能	操作数				程序步
				[S1.]	[S2.]	[S3.]	n	
变频器参数写入	FNC274（16）	IVBWR	用于将变频器参数写入	D，R，U□\G□	D，R，U□\G□	D，R，U□\G□	K，H	9 步

IVBWR 指令的应用说明如图 5-34 所示。

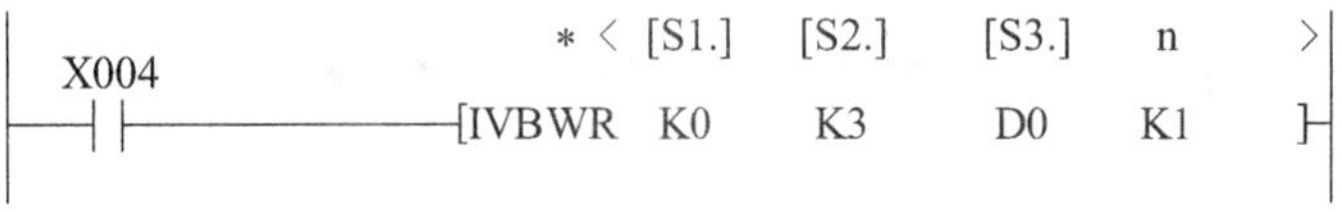

图 5-34 IVBWR 指令的应用说明

其中，[S1.]：变频器站号（K0 ~ K31）。

[S2.]：写变频器的参数个数。

[S3.]：写入到变频器的数值或保存数值的软元件地址。

n：使用的通道号（K1 或 K2）。

图 5-34 中，当 X004 为“ON”时，将通过通道 1 把 D0 开始的 3 个参数值写入变频器的参数中。其中[S3.]和[S3.]+1 分别设定第一个参数号和第一个参数值，[S3.]+2 和[S3.]+3 分别设定第二个参数号和第二个参数值，以此类推。

5.3 分拣单元装配与调试

5.3.1 项目目标

（1）在了解分拣单元结构组成的基础上，将分拣单元的机械部分拆开成组件和零件的形式，学会正确使用拆装工具。

（2）将组件和零件安装成原样，掌握分拣单元的正确安装步骤和方法。

（3）学会机械部分的装配、气路的连接和调整及电气接线。

1. 分拣单元装置侧的拆卸

（1）松开底板紧固螺钉，拆下总进气气管，将分拣单元搬离设备到拆装工作台。

（2）拆卸气路、电磁阀组。

（3）依次拆卸接线端子及端子上的导线、端子卡座、线槽、底座等。

（4）将分拣单元机械部分拆成组件。

（5）将各组件拆成散件，并将拆卸下的零配件整理整齐。

2. 安装步骤和方法

1）机械部分安装

分拣单元机械装配可按 4 个阶段进行。

（1）完成传送机构的安装，装配传送带装置及其支座，然后将其安装到底板上，如图 5-35 所示。

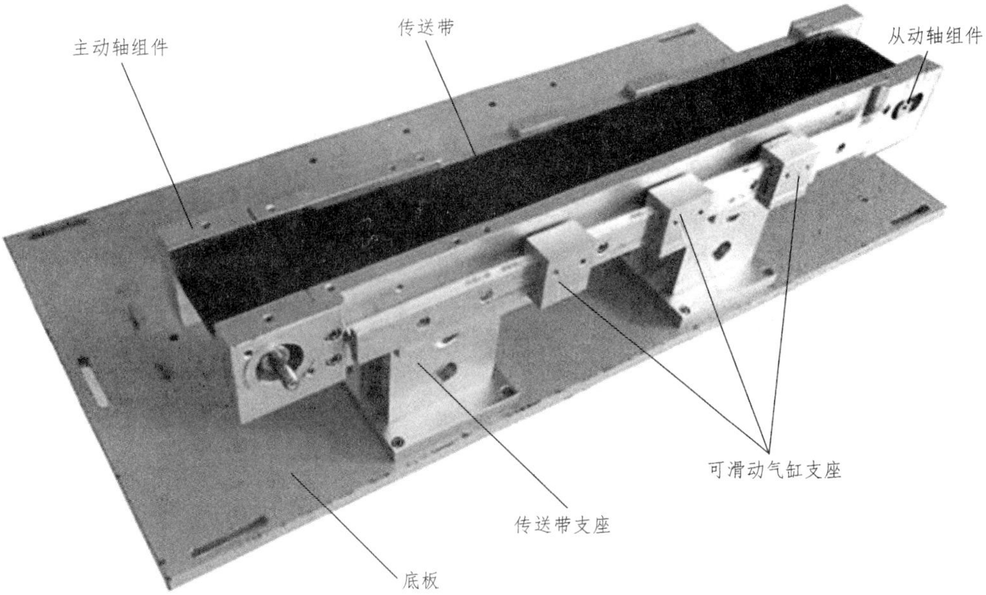

图 5-35　传送机构组件安装

（2）完成驱动电动机组件装配，进一步装配联轴器，把驱动电动机组件与传送机构相连接并固定在底板上，如图 5-36 所示。

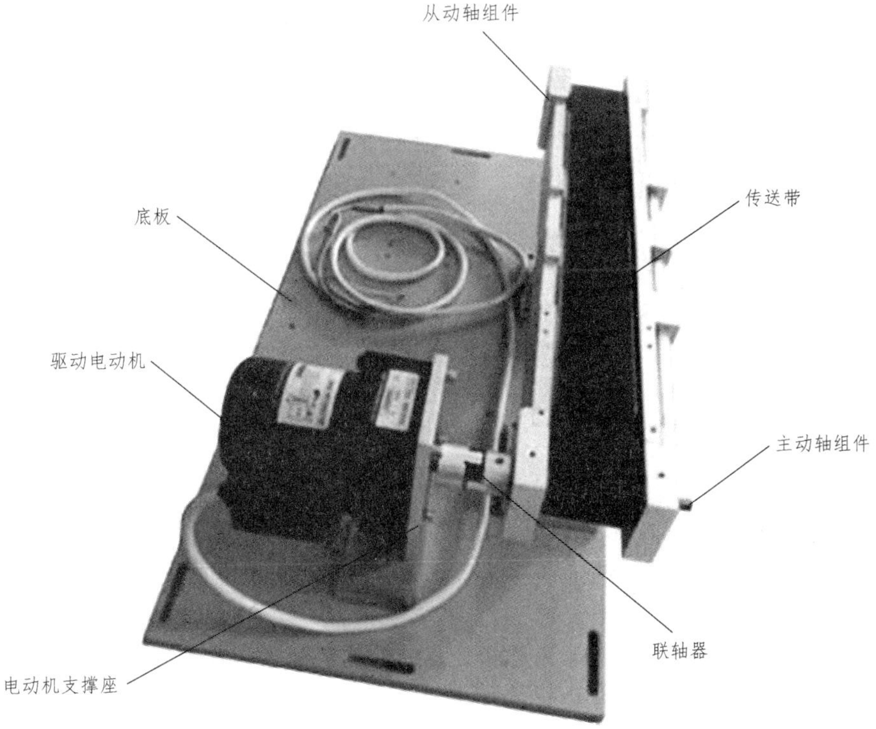

图 5-36　驱动电动机组件安装

（3）完成推料气缸支架、推料气缸、传感器支架、出料槽及支撑板等装配，如图 5-37 所示。

（4）完成各传感器、电磁阀组件、装置侧接线端口等装配。安装完成的效果如图 5-38 所示。

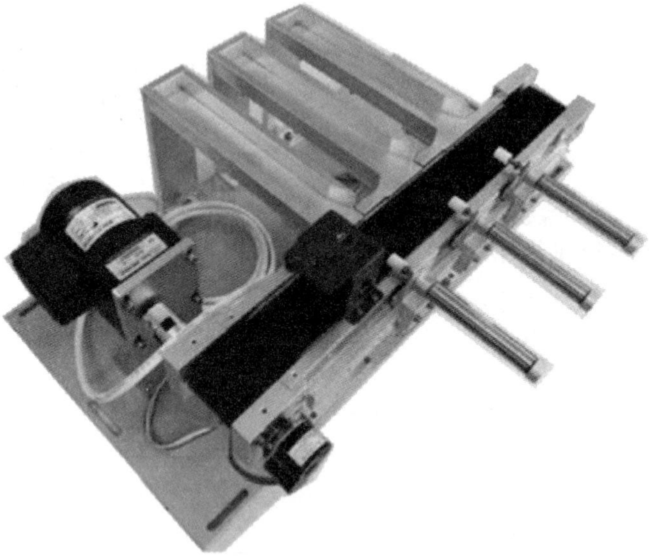

图 5-37　机械部件安装完成时的效果图

图 5-38　分拣单元安装完成时的效果图

机械部分安装时应注意以下几点：

（1）皮带托板与传送带两侧板的固定位置应调整好，以免皮带安装后陷入侧板表面，造成推料被卡住的现象。

（2）主动轴和从动轴的安装位置不能错，主动轴和从动轴的安装板的位置不能相互调换。

（3）皮带的张紧度应调整适中。

（4）要保证主动轴和从动轴的平行。

（5）为了使传动部分平稳可靠，噪声减小，使用了滚动轴承为动力回转件，但滚动轴承及其安装配合零件均为精密结构件，对其拆装需一定的技能和专用的工具，建议不要自行拆卸。

2）气动元件（气路）连接

气路系统安装时应注意以下几点。

（1）电磁阀工作口与执行元件工作口的连接应正确，以免产生相反的动作而影响正常操作。

（2）气管与快速接头插拔时，按压快速接头伸缩件时应用力均匀，避免硬拉而造成接头损坏。

（3）气路系统安装完毕后，应注意 3 个推料气缸的初始位置，位置不对时应进行调整。

3）气路调试

分拣单元气路系统的调试主要是针对气动元件的运行情况进行的，其调试方法是手动控制单电控换向阀，观察各气动执行元件的动作情况。气动执行元件运行过程中检查各管路的连接处是否有漏气现象，是否存在气管不畅通现象。同时，通过对各单向节流阀的调整来获得稳定的气动执行元件运行速度。

4）传感器的安装

（1）磁性开关的安装。分拣单元有 3 个气动执行元件。即推料气缸 1、推料气缸 2、推料气缸 3，共用了 3 个磁性开关作为气动执行元件的极限位置检测元件。磁性开关的安装方法与供料单元中磁性开关的安装方法相同，在此不再赘述。

（2）光电传感器的安装。分拣单元中光电传感器主要用于分拣口待分拣工件的检测。光电传感器安装在分拣口 U 形定位板上，其安装方法与供料单元中光电传感器的安装方法相同，在此不再赘述。

（3）光纤传感器的安装。分拣单元中光纤传感器主要用于待分拣工件中工件和芯体颜色（黑色和白色）的检测。光纤传感器安装的方法是将光纤传感器的光纤头分别固定在分拣口 U 形定位板前端和传感器支架上面的螺孔内，然后将光纤传感器本体分别安装在 DIN（德国工业标准）导轨上，抬高本体保护罩，提起固定按钮，将光纤顺着放大器单元侧面的插入位置记号进行插入，然后放下固定按钮。

（4）电感式传感器的安装。分拣单元中的电感式传感器用于金属工件和金属芯体的检测。电感式传感器分别安装在传感器支架侧面和上面的螺孔内，其安装方法与供料单元中电感式传感器的安装方法相同，在此不再赘述。

（5）光电编码器的安装。分拣单元中的光电旋转编码器安装在分拣传送带主动轴的另一端上，控制工件在传送带上运动的位置，并用来精确定位被分拣的工件进入分拣区的位置及 3 个分拣槽的几何中心位置。

传感器安装时应注意以下几点：

（1）磁性开关安装时应注意位置并紧固可靠。

（2）光电式接近开关安装时应注意安装位置的调整和接线的颜色。

（3）光电式接近开关的灵敏度调整要适度。

5）变频器安装时应注意的问题

（1）拆装变频器时要注意结构，不要硬撬其前端盖。

（2）拆装变频器 BOP（Basic Operation Panel，基本操作面板）时要注意与接插件的插接。

（3）变频器与电动机之间要做好可靠的接地。

（4）控制线与动力线尽量不要混槽布线。

6）装置侧电气接线及工艺要求

电气接线包括在分拣单元装置侧完成各传感器、电磁阀等引线到装置侧接线端口之间的接线。装置侧接线端口的接线端子采用三层端子结构，如图 5-39 所示。

图 5-39 装置侧接线端口

分拣单元装置侧的接线端口上各传感器和电磁阀信号端子的分配如表 5-27 所示。

表 5-27 分拣单元装置侧的接线端口信号端子的分配

输入端口中间层			输出端口中间层		
2	DECODE	旋转编码器 B 相	端子号	设备符号	信号线
3		旋转编码器 A 相	2	1YV	推料电磁阀 1
4	SC0	光纤传感器 1	3	2YV	推料电磁阀 2
5	SC1	进料口工件检测	4	3YV	推料电磁阀 3
6	SC2	电感式传感器 1			
7	SC3	光纤传感器 2			
8	SC4	电感式传感器 2			
9	1B	推杆一到位检测			
10	2B	推杆二推出到位			
11	3B	推杆三推出到位			
12～17 号端子没有连接			5～14 号端子没有连接		

（1）磁性开关的接线。磁性开关为两线式传感器，连线时 3 个磁性开关（1B、2B、3B）的棕色线分别与分拣单元装置侧输入端口中间层 9、10、11 号端子（见表 5-27）连接，蓝色线分别与该端口下层相对应端子连接。

（2）光纤传感器的接线。光纤传感器为三线式传感器，连线时 2 个光纤传感器（SC0、SC3）的黑色线分别与分拣单元装置侧输入端口中间层 4、7 号端子（见表 5-27）连接，褐色线分别与该端口上层相对应端子连接，蓝色线分别与该端口下层相对应端子相连。

（3）光电传感器的接线。光电传感器为三线式传感器，连线时 SC1 的黑色线与分拣单元装置侧输入端口中间层 5 号端子（见表 5-27）连接，褐色线与该端口上层相对应端子连接，蓝色线与该端口下层相对应端子连接。

（4）电感式传感器的接线。电感式传感器为三线式传感器，连线时 2 个电感式传感器

（SC2、SC4）的黑色线分别与分拣单元装置侧输入端口中间层 6 号端子（见表 5-27）连接，棕色线分别与该端口上层相对应端子连接，蓝色线分别与该端口下层相对应端子相连。

（5）光电编码器的接线。光电编码器对外引出 5 根线，其中 2 根为电源连接线，接线时红色线与分拣单元装置侧输入端口上层 2 号端子连接，黑色线与该端口下层 2 号端子相连；另外 3 根为信号连接线，接线时将白色（B 相）、绿色（A 相）分别与该端口中间层 2、3 号端子（见表 5-27）连接（Z 相未使用）。

（6）电磁阀的接线。电磁阀对外引出两根线，连线时 3 个电磁阀（2YV、1YV、3YV）的蓝色线分别与分拣单元装置侧输出端口中间层 2、3、4 号端子（见表 5-27）连接，红色线分别与该端口上层相应端子连接。

电气接线时的注意事项：

（1）电气接线一定要严格按照电气图连接。

（2）装置侧接线端口中，输入信号端子的上层端子（+24 V）只能作为传感器的正电源端。电磁阀等执行元件的正电源端应连接到输出信号端子上层端子（+24 V）的相应端子上。

（3）接线端子上的螺钉旋紧时用力要适度，以免易扣。

（4）电气接线的工艺应符合国家职业标准的规定。例如，导线连接到端子时，采用压紧端子压接方法；连接线须有符合规定的标号；每一端子连接的导线不超过 2 根等。

（5）装置侧接线完成后，应用扎带绑扎，力求整齐美观。

3. 检查调试

（1）调整气动部分，检查气路是否正确、气压是否合理、气缸的动作速度是否合理。

（2）检查磁性开关的安装位置是否到位，磁性开关工作是否正常。

（3）检查各传感器安装是否合理、灵敏度是否合适，确保检测的可靠性。

5.4 分拣单元的编程与调试

5.4.1 工作任务

1. 控制要求

（1）设备的工作目标是完成对白色芯金属工件、白色芯塑料工件和黑色芯的金属或塑料工件进行分拣。为了在分拣时准确推出工件，要求使用旋转编码器做定位检测，且工件材料和芯体颜色属性应在推料气缸前的相应位置被检测出来。

（2）设备上电和气源接通后，若工作单元的三个气缸均处于缩回位置，则“正常工作”指示灯 HL1 常亮，表示设备准备好。否则，该指示灯以 1 Hz 的频率闪烁。

（3）设备准备好后，按下启动按钮，系统启动，“设备运行”指示灯 HL2 常亮。当传送带入料口人工放下已装配的工件时，变频器即启动，驱动传动电动机以 30 Hz 的频率，把工件带往分拣区。

（4）如果工件为白色芯金属件，则该工件到达 1 号滑槽中间时，传送带停止，工件被推到 1 号槽中；如果工件为白色芯塑料件，则该工件到达 2 号滑槽中间时，传送带停止，工件被推到 2 号槽中；如果工件为黑色芯件，则该工件到达 3 号滑槽中间时，传送带停止，工件被推到 3 号槽中。工件被推出滑槽后，该工作单元的一个工作周期结束。仅当工件被推出滑槽后，才能再次向传送带下料。

（5）若在运行过程中按下停止按钮，该工作单元在本工作周期结束后停止运行。

2. 要求完成的任务

（1）分配 I/O 地址，绘制 I/O 接线图。

（2）进行系统安装和接线。

（3）按照控制要求编写 PLC 程序。

（4）程序调试与运行。

3. PLC 的 I/O 分配表及接线图

根据分拣单元 I/O 信号点数及工作任务的要求，该单元 PLC 选用三菱 FX_{3U}-32MR，为 16 点输入和 16 点输出继电器输出型。

由于工作任务中规定电动机的运行频率固定为 30 Hz，可以只连接一个变频器的速度控制端子（如“RH”端），设定参数 P.79=2（固定为外部运行模式），同时须设定 P.4=30 Hz。这样，当 FR-E740 的端子“STF”和“RH”为“ON”时，电动机起动，并以 30 Hz 的固定频率正向运转。分拣单元 PLC 的 I/O 信号分配如表 5-28 所示。

表 5-28 PLC 的 I/O 信号分配

输入信号				信号输出			
序号	PLC 输入点	信号名称	信号来源	序号	PLC 输出点	信号名称	信号来源
1	X000	旋转编码器 B 相	装置侧	1	Y000	STF	变频器
2	X001	旋转编码器 A 相		2	Y001	RH	变频器
3	X002	白色工件检测		3			
4	X003	进料口工件检测		4			
5	X004	金属工件检测		5	Y004	推料电磁阀 1	
6	X005	白色芯体检测		6	Y005	推料电磁阀 2	
7	X006	金属芯体检测		7	Y006	推料电磁阀 3	
8	X007	推杆一到位检测		8	Y007	正常工作指示	按钮/指示灯模块
9	X010	推杆二到位检测		9	Y010	运行指示	
10	X011	推杆三到位检测		10	Y011	报警指示	
11	X012	停止按钮	按钮/指示灯模块				
12	X013	起动按钮					
13	X014	急停开关					
14	X015	单站/全线					

4. I/O 接线原理图（见图 5-40）

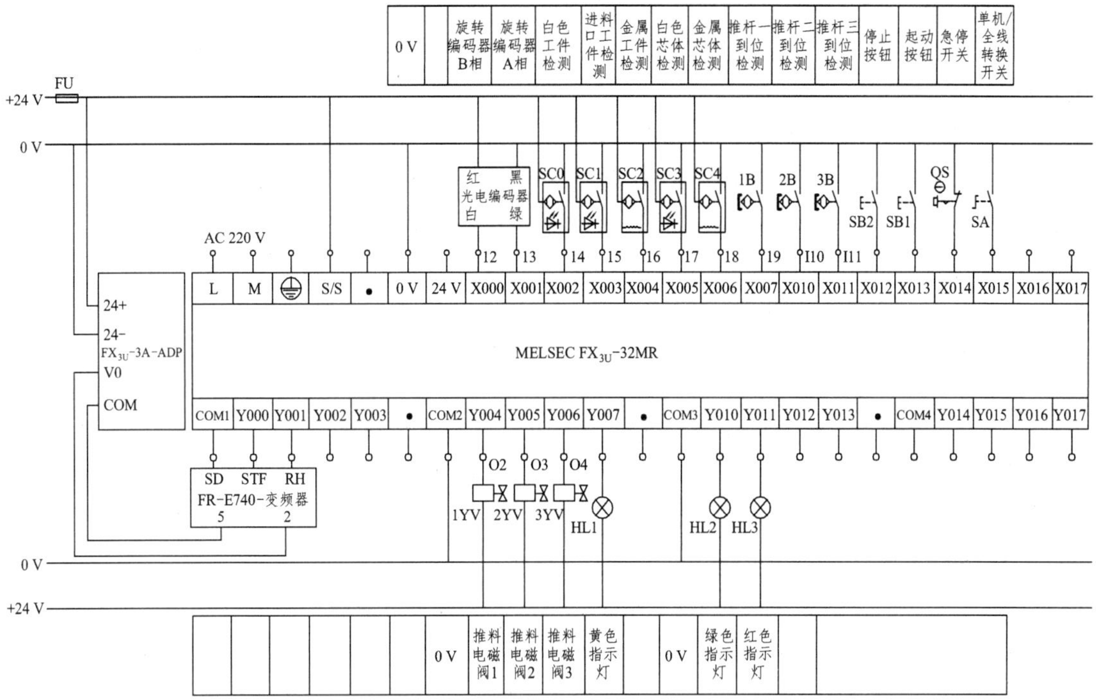

图 5-40　分拣单元 PLC 的 I/O 接线图

5.4.2　PLC 的安装与接线

首先将 PLC 安装在导轨上，然后进行 PLC 侧接线，包括电源接线、PLC 输入/输出端子的接线和按钮指示灯模块的接线 3 个部分。

PLC 接线时一定要依据表 5-28 和图 5-40 进行。其余注意事项同分拣单元电气接线。

这里需要说明的是，当分拣单元变频器采用模拟量输入输出适配器 FX_{3U}-3A-ADP 控制时，将 FX_{3U}-3A-ADP 连接在 PLC 基本单元的左侧（两者之间通过接口连接），接线时按照图 3-40 将其 24+、24-端分别与直流电源+24 V 和 0 V 连接，V0、COM 端分别连接至变频器的模拟量输入端子 2 和 5。

如果分拣单元变频器采用通信方式控制时，只要将通信适配器 FX_{3U}-485-ADP 连接在 PLC 基本单元的左侧，接线时，将通信线的 RJ45 插头（水晶头）端插入变频器的 PU 接口，另一端对应信号线接在 FX_{3U}-485-ADP 的 5 个信号端即可。

5.4.3　PLC 程序的编制

1. 高速计数器的编程

1）FX_{3U} 型 PLC 的高速计数器

高速计数器是 PLC 的编程软元件，用于频率高于机内扫描频率的机外脉冲计数，由于计数信号频率高，计数以中断方式进行，计数器的当前值等于设定值时，计数器的输出接点立即工作。

FX_{3U} 型 PLC 内置有 21 点高速计数器 C235 ~ C255，每个高速计数器都规定了其功能和占用的输入点。

高速计数器的功能分配如下：

（1）C235 ~ C245 共 11 个高速计数器用作一相一计数输入的高速计数，即每一计数器占用 1 点高速计数输入点，计数方向可以是增或者减计数，取决于对应的特殊辅助继电器 M8□□□的状态。例如：C245 占用 X002 作为高速计数输入点，当对应的特殊辅助继电器 M8245 被置位时，作增计数。C245 还占用 X003 和 X007 分别作为该计数器的外部复位和置位输入端。

（2）C246 ~ C250 共 5 个高速计数器用作一相二计数输入的高速计数，即每一计数器占用 2 点高速计数输入，其中 1 点为增计数输入，另一点为减计数输入。例如：C250 占用 X003 作为增计数输入，占用 X004 作为减计数输入，另外占用 X005 作为外部复位输入端，占用 X007 作为外部置位输入端。同样，计数器的计数方向也可以通过编程对应的特殊辅助继电器 M8□□□状态指定。

（3）C251 ~ C255 共 5 个高速计数器用作二相二计数输入的高速计数，即每一计数器占用 2 点高速计数输入，其中 1 点为 A 相计数输入，另 1 点为与 A 相相位差 90°的 B 相计数输入。C251 ~ C255 的功能和占用的输入点如表 5-29 所示。

表 5-29 高速计数器 C251 ~ C255 的功能和占用的输入点

	X000	X001	X002	X003	X004	X005	X006	X007
C251	A	B						
C252	A	B	R					
C253				A	B	R		
C254	A	B	R				S	
C255				A	B	R		S

如前所述，分拣单元所使用的是具有 A、B 两相 90°相位差的通用型旋转编码器，且 Z 相脉冲信号没有使用。根据表 5-28 可选用高速计数器 C251。这时编码器的 A、B 两相脉冲输出应连接到 X000 和 X001 点。

每一个高速计数器都规定了不同的输入点，但所有的高速计数器的输入点都在 X000 ~ X007 范围内，并且这些输入点不能重复使用。

2）高速计数器的编程

如果外部高速计数源（旋转编码器输出）已经连接到 PLC 的输入端，那么在程序中就可直接使用相对应的高速计数器进行计数。例如，在图 5-41 中，设定计数器 C255 的设置值为 100，当 C255 的当前值等于 100 时，C255 的触点接通，从而控制输出 Y010 为“ON”。由于采用中断方式计数，一旦当前值等于设定值，计数器会及时动作，但实际输出信号却依赖于扫描周期。

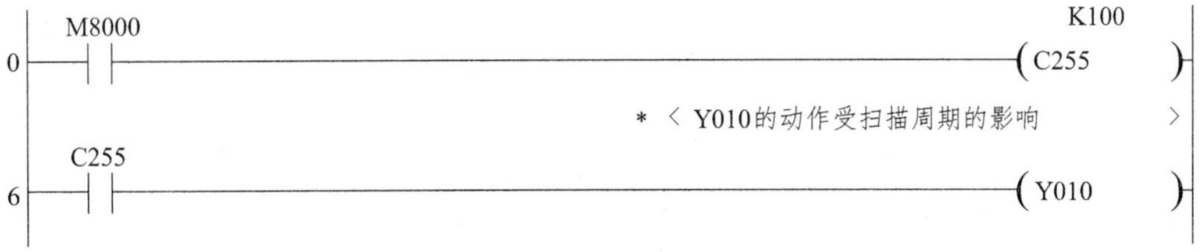

图 5-41　高速计数器的编程示例

下面以现场测试旋转编码器的脉冲当量为例，说明高速计数器的一般使用方法。前面介绍的旋转编码器脉冲当量是根据传送带主动轴直径计算的，其结果只是一个估算值。在分拣单元安装调试时，除了要仔细调整尽量减少安装偏差外，还须现场测试脉冲当量值。测试的步骤如下。

（1）分拣单元安装调试时，必须仔细调整电动机与主动轴联轴的同心度和传送皮带的张紧度。调节张紧度的两个调节螺栓应平衡调节，避免皮带运行时跑偏。传送带张紧度以电动机在输入频率为 1 Hz 时能顺利启动、低于 1 Hz 时难以启动为宜。测试时可把变频器设置为 P.79 = 1，P.3 =0 Hz，P.161 = 1；这样就能在操作面板上进行启动/停止操作，并且把 M 旋钮作为电位器进行频率调节。

（2）安装调整结束后，变频器参数设置为：P.79 = 2（固定的外部运行模式），P.4 = 25 Hz（高速段运行频率设定值）。

（3）编写如图 5-42 所示的程序，变换后写入 PLC。

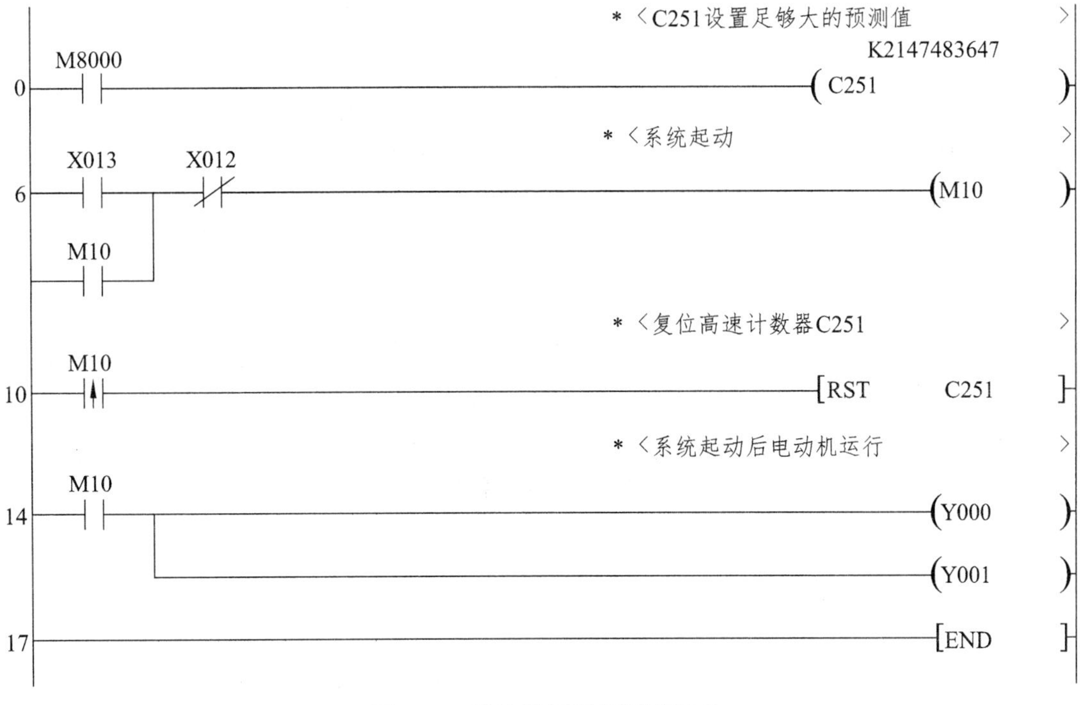

图 5-42　脉冲当量现场测试程序

（4）运行 PLC 程序，并置于监控方式。在传送带进料口中心处放下工件后，按起动按钮启动运行。工件被传送一段较长的距离后，按下停止按钮停止运行。观察监控界面上 C251 的读数，将此值填入表 5-30 的“高速计数脉冲数”一栏；然后在传送带上测量工件移动的距离，把测量值填入“工件移动距离”一栏，则脉冲当量 μ（计算值）=工件移动距离/高速计数脉冲数，将结果填写到相应栏目中。

表 3-30 脉冲当量现场测试数据 单位：mm

次数	工件移动距离（测量值）	高速计数脉冲数（测试值）	脉冲当量 μ（计算值）
第一次	357.8	1391	0.2572
第二次	358	1392	0.2572
第三次	360.5	1394	0.2586

（5）重新把工件放到进料口中心处，按下启动按钮即进行第二次测试。进行三次测试后，求出脉冲当量 μ 的平均值为：$\mu=(\mu_1+\mu_2+\mu_3)/3=0.257\,7$（mm）。

按如图 5-6 所示的安装尺寸重新计算旋转编码器到各位置应发出的脉冲数：当工件从下料口中心线移至光纤传感器 2 的光纤头中心时，旋转编码器发出 324 个脉冲；移至电感式传感器中心时，发出 456 个脉冲；移至第一个推杆中心点时，发出 650 个脉冲；移至第二个推杆中心点时，约发出 1021 个脉冲；移至第三个推杆中心点时，约发出 1360 个脉冲。

在分拣单元任务中，编程高速计数器的目的是根据 C251 当前值确定工件位置，与存储到指定的变量存储器的特定位置数据进行比较，以确定程序的流向。特定位置考虑如下：

① 芯体颜色判别位置应稍后于进料口到光纤传感器 2 的光纤头中心位置，故取脉冲数为 330，存储在 D106 单元中（双整数）。

② 工件属性判别位置应稍后于进料口到电感式传感器 1 中心位置，故取脉冲数为 460，存储在 D110 单元中。

③ 从位置 1 推出的工件，停车位置应稍前于进料口到推杆一中心位置，取脉冲数为 600，存储在 D114 单元中。

④ 从位置 2 推出的工件，停车位置应稍前于进料口到推杆二中心位置，取脉冲数为 960，存储在 D118 单元中。

⑤ 从位置 3 推出的工件，停车位置应稍前于进料口到推杆三中心位置，取脉冲数为 1300，存储在 D122 单元中。

提示：特定位置数据均从进料口开始计算，因此，每当待分拣工件下料到进料口，电动机开始起动时，必须对 C251 的当前值进行一次复位（清零）操作。

2. 程序结构和程序调试

1）分拣单元工作过程

分拣单元的主要工作过程是分拣控制。应在上电后，首先进行初始状态的检查，确认系统准备就绪后，按下起动按钮，进入运行状态，才开始分拣过程的控制。初始状态检查的程序流程与前面所述的供料、加工等单元是类似的。但前面所述的几个特定位置数据须在上电第 1 个扫描周期写到相应的数据存储器中。梯形图如图 5-43 所示。

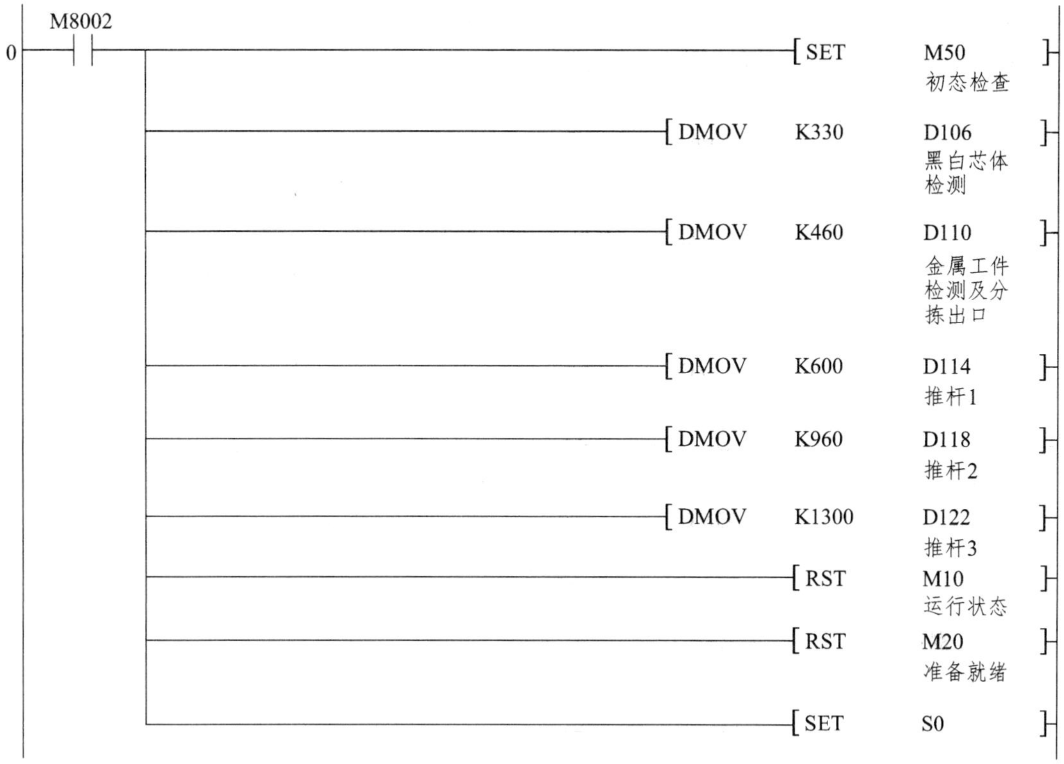

图 5-43　分拣单元初始化程序

系统进入运行状态后，应随时检查是否有停止按钮按下。若停止指令已经发出，则应在系统完成一个工作周期回到初始步时，复位运行状态和初始步使系统停止。这一部分程序的编制与前面几个单元类似，请读者自行完成。但这里需要特别强调的是，分拣单元增加了起动变频器的控制程序，可以采用两种方法实现：一种是通过模拟量输入实现，另一种方法是PLC 与变频器之间通过通信方式实现。下面分别说明。

（1）通过模拟量输入实现变频器起动的程序。通过模拟量输入实现对变频器的控制，主要是利用模拟量输入/输出适配器 FX_{3U}-3A-ADP 将 PLC 要求的变频器起动频率（30 Hz）由数字量转换成模拟量电压，实现对变频器的运行控制，其 D/A 转换处理的程序如图 5-44 所示。

图 5-44　D/A 转换处理的程序

（2）通过通信方式实现变频器起动的程序。通过通信方式实现对变频器的控制，主要是通过通信适配器 FX_{3U}-485-ADP 及变频器通信指令实现对变频器的运行控制，其程序如图 5-45 所示。

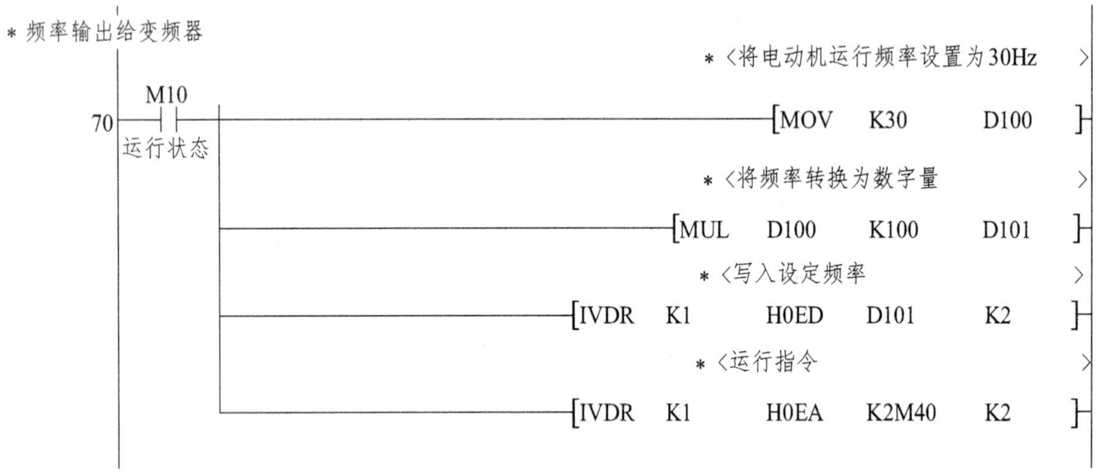

图 5-45 PLC 通过通信方式控制变频器起动的程序

2）分拣过程编程

分拣过程是一个步进顺控程序，编程思路如下。

（1）初始步：当检测到待分拣工件下料到进料口后，复位高速计数器 C251，并以固定频率起动变频器驱动电动机运转，初始步的梯形图程序如图 5-46 所示。

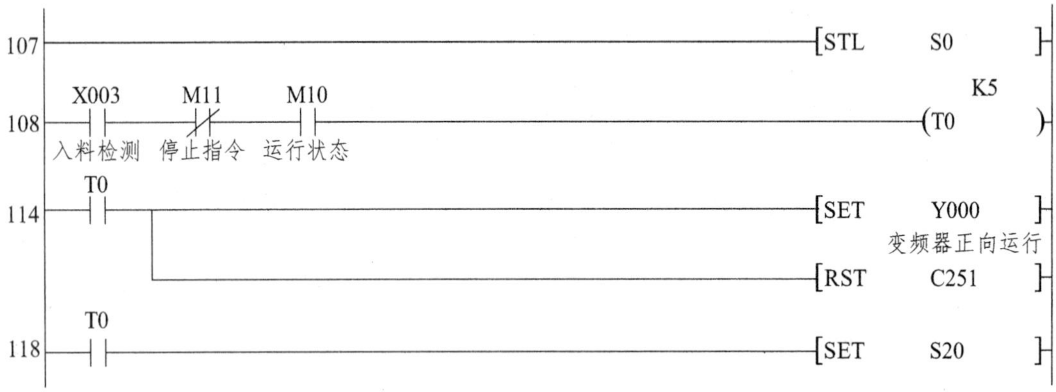

图 5-46 分拣控制的初始步

（2）当工件经过安装传感器支架上的光纤头和电感式传感器时，根据两个传感器动作与否判别芯体的颜色和工件的属性，从而决定程序的流向。

（3）C251 当前值与光纤式传感器 2、电感式传感器 1 位置值的比较可采用触点比较指令实现。完成上述功能的梯形图如图 5-47 所示。

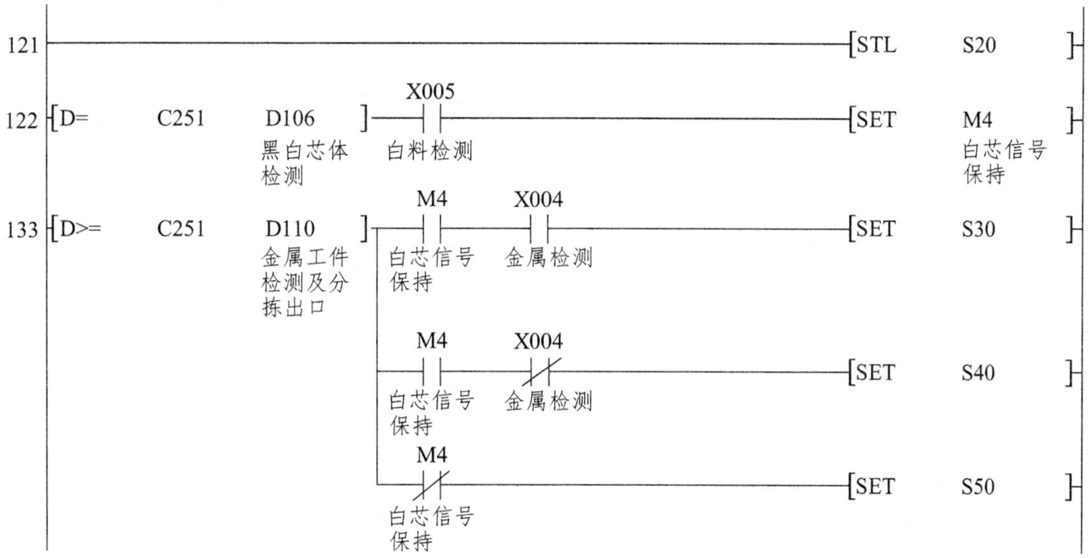

图 5-47　在传感器位置判别芯体颜色和工件属性

分拣过程的顺序功能图如图 5-48 所示。

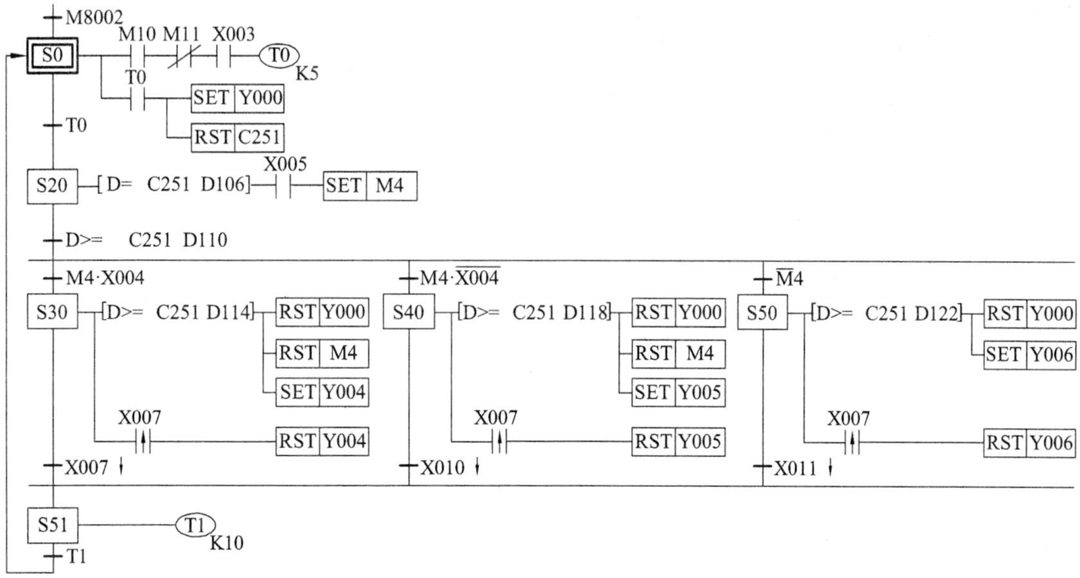

图 5-48　分拣过程的顺序功能图

5.4.4　套件分拣 PLC 程序编制

套件分拣是指工件与芯体按一定关系装配组成套件的分拣。下面分别介绍两个一组和三个一组构成套件的程序编制。

两个一组套件分拣程序编制，经过装配和加工单元得到的成品工件构成的其中一组套件，如图 5-49 所示。

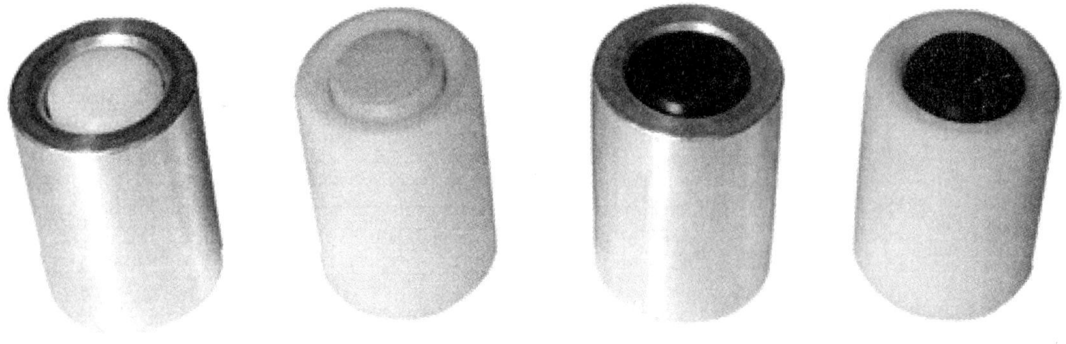

白芯金属工件　白芯塑料工件　黑芯金属工件　黑芯塑料工件

（a）套件 1　（b）套件 2

图 5-49　两个一组套件

分拣要求：从 1 号槽输出满足第一种套件关系的工件，即套件 1；从 2 号槽输出满足第二种套件关系的工件，即套件 2；并假定每完成一组套件的输出，就被打包机构输出，而分拣时不满足上述套件关系的工件作为散件从 3 号滑槽输出。

编程的方法：在每次对芯体的颜色和工件的属性检测完成后，根据检测结果与当前滑槽中已推出的工件状况，按一定的算法判定工件的流向。

图 5-50 给出了主程序步进顺序控制中工件检测工步（S20）的梯形图。当工件被传送到检测区出口时，就能根据检测区中传感器动作记忆下来的数据（M4）及检测出口处电感式传感器的动作状况，确定芯体的颜色和工件的属性，从而赋予当前工件一个特征值。

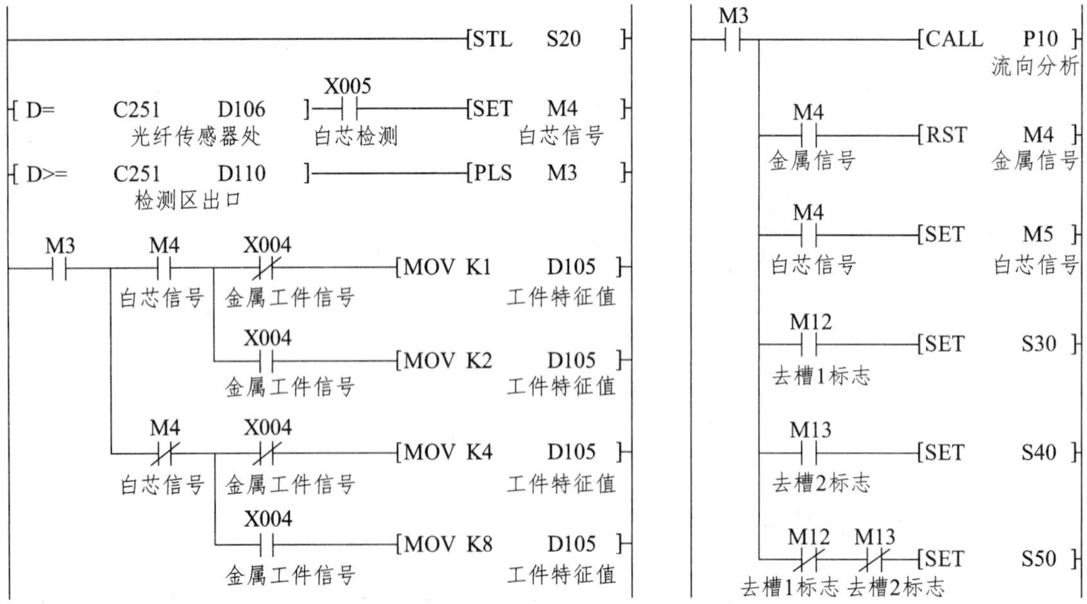

图 5-50　两个一组套件工件检测后流向分析梯形图

图 5-51 给出了子程序梯形图。由图可见，流向分析的算法是：把当前工件的特征值与当前两个滑槽中已推入的工件状况值（K1M100）进行一次“或”运算，若运算结果大于当前滑

槽状况值，则工件可推入滑槽 1 或 2，否则推入滑槽 3。

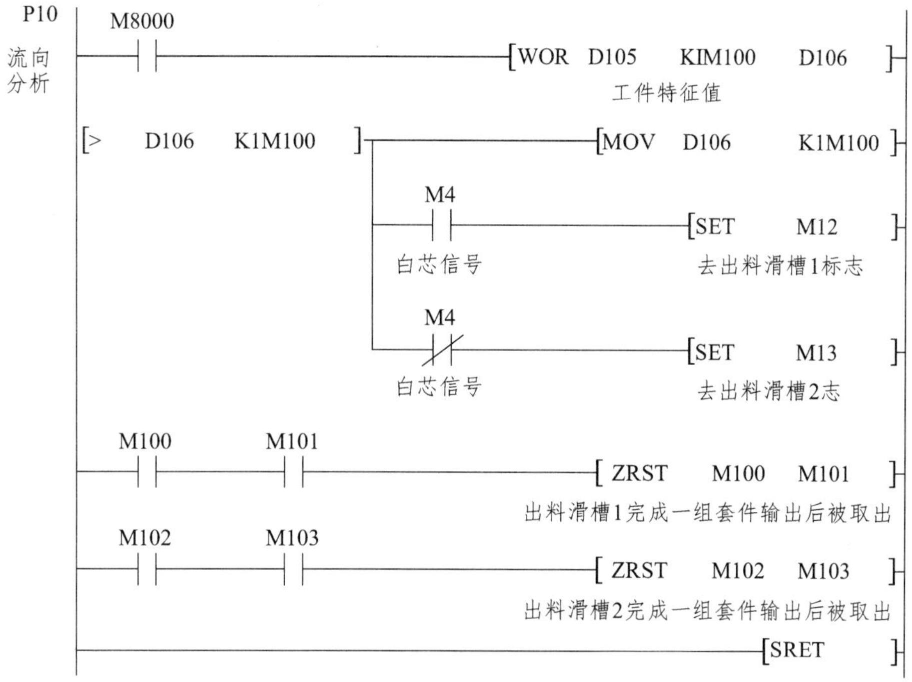

图 5-51　两个一组套件流向分析子程序梯形图

5.5　调试与运行

（1）调整气动部分，检查气路是否正确，气压是否合理，气缸的动作速度是否合理。

（2）检查磁性开关的安装位置是否到位，磁性开关工作是否正常。

（3）检查 I/O 接线是否正确。

（4）检查光电传感器、光纤传感器、电感式传感器、旋转编码器安装是否合理，距离设定是否合适，保证检测的可靠性。

（5）按钮/指示灯的功能测试。

（6）气动元件的功能测试。

（7）变频器的功能测试。

（8）运行程序，检查动作是否满足任务要求。

5.6　分析与思考

（1）运行过程中若出现工件不能被准确推入料槽或者黑色芯体工件被推入第一个滑槽等现象，请分析其原因，总结处理方法。

（2）如果需要考虑紧急停止等因素，程序应如何编制？

（3）旋转编码器的 A、B、Z 分别代表什么？是否必须都要与 PLC 输入端连接？

（4）什么是脉冲当量？试述脉冲当量的测试方法，并编制控制程序。

（5）若分拣单元三相异步电动机调速用的变频器采用模拟量适配器 FX_{3U}-3A-ADP 控制，要求实时显示变频器的运行频率，试编制控制程序。

（6）若分拣单元三相异步电动机调速，变频器采用通信适配器 FX_{3U}-485-ADP 控制，要求实时显示变频器的运行频率，试编制控制程序。

附录：FR-E740 变频器参数一览表

功能	参数	名称	设定范围	最小设定单位	初始值
基本功能	◎0	转矩提升	0~30%	0.1%	6/4/3%*1
	◎1	上限频率	0~120 Hz	0.01 Hz	120 Hz
	◎2	下限频率	0~120 Hz	0.01 Hz	0 Hz
	◎3	基准频率	0~400 Hz	0.01 Hz	50 Hz
	◎4	多段速设定（高速）	0~400 Hz	0.01 Hz	50 Hz
	◎5	多段速设定（中速）	0~400 Hz	0.01 Hz	30 Hz
	◎6	多段速设定（低速）	0~400 Hz	0.01 Hz	10 Hz
	◎7	加速时间	0~3600/360 s	0.1/0.01 s	5/10 s*2
	◎8	减速时间	0~3600/360 s	0.1/0.01 s	5/10 s*2
	◎9	电子过电流保护	0~500 A	0.01 A	变频器额定电流
直流制动	10	直流制动动作频率	0~120 Hz	0.01 Hz	3 Hz
	11	直流制动动作时间	0~10 s	0.1 s	0.5 s
	12	直流制动动作电压	0~30%	0.1%	4%*3
—	13	启动频率	0~60 Hz	0.01 Hz	0.5 Hz
—	14	适用负载选择	0~3	1	0
JOG 运行	15	点动频率	0~400 Hz	0.01 Hz	5 Hz
	16	电动加减速时间	0~3600/360 s	0.1/0.01 s	0.5 s
—	17	MRS 输入选择	0、2、4	1	0
—	18	高速上限频率	120~400 Hz	0.01 Hz	120 Hz
—	19	基准频率电压	0~1000 V、8888、9999	0.1 V	9999
加减速时间	20	加减速基准频率	1~400 Hz	0.01 Hz	50 Hz
	21	加减速时间单位	0、1	1	0
失速防止	22	失速防止动作水平	0~200%	0.1%	150%
	23	倍速时失速防止动作水平补偿系数	0~200%、9999	0.1%	9999
多段速度设定	24	多段速设定（4 速）	0~400 Hz、9999	0.01 Hz	9999
	25	多段速设定（5 速）	0~400 Hz、9999	0.01 Hz	9999
	26	多段速设定（6 速）	0~400 Hz、9999	0.01 Hz	9999
	27	多段速设定（7 速）	0~400 Hz、9999	0.01 Hz	9999
—	29	加减速曲线选择	0、1、2	1	0

续表

功能	参数	名称	设定范围	最小设定单位	初始值
—	30	再生制动功能选择	0、1、2	1	0
频率跳变	31	频率跳变 1A	0~400 Hz、9999	0.01 Hz	9999
	32	频率跳变 1B	0~400 Hz、9999	0.01 Hz	9999
	33	频率跳变 2A	0~400 Hz、9999	0.01 Hz	9999
	34	频率跳变 2B	0~400 Hz、9999	0.01 Hz	9999
	35	频率跳变 3A	0~400 Hz、9999	0.01 Hz	9999
	36	频率跳变 3B	0~400 Hz、9999	0.01 Hz	9999
	37	转速显示	0、0.01~9998	0.001	0
—	40	RUN 键选择方向选择	0、1	1	0
频率检测	41	频率到达动作范围	0~100%	0.1%	10%
	42	输出频率检测	0~400 Hz	0.01 Hz	6 Hz
	43	反转时输出频率检测	0~400 Hz、9999	0.01 Hz	9999
第 2 功能	44	第 2 加减速时间	0~3600/360 s	0.1/0.01 s	5/10 s*2
	45	第 2 减速时间	0~3600/360 s、9999	0.1/0.01 s	9999
	46	第 2 转矩提升	0~30%、9999	0.1%	9999
	47	第 2V/F（基准频率）	0~400 Hz、9999	0.01 Hz	9999
	48	第 2 失速防止动作水平	0~200%、9999	0.1%	9999
	51	第 2 电子过电流保护	0~500 A、9999	0.01 A	9999
监视器功能	52	DU/PU 主显示数据选择	0、5、7~12、14、20、23~25、52~57、61、62、100	1	0
	55	频率监视基准	0~400 Hz	0.01 Hz	50 Hz
	56	电流监视基准	0~500 A	0.01 A	变频器额定电流
再启动	57	再启动自由运行时间	0、0.1~5 s、9999	0.1 s	9999
	58	再启动上升时间	0~60 s	0.1 s	1 s
—	59	遥控功能选择	0、1、2、3	1	0
—	60	节能控制选择	0、9	1	0
自动加减速	61	基准电流	0~500 A、9999	0.01 A	9999
	62	加速时基准值	0~200%、9999	1%	9999
	63	减速时基准值	0~200%、9999	1%	9999
—	65	再试选择	0~5	1	0
—	66	失速防止动作水平降低开始频率	0~400 Hz	0.01 Hz	50 Hz
再试	67	报警发生时再试次数	0~10、101~110	1	0
	68	再试等待时间	0.1~360 s	0.1 s	1 s
	69	再试次数显示和消除	0	1	0

续表

功能	参数	名称	设定范围	最小设定单位	初始值
—	70	特殊再生制动使用率	0~30%	0.1%	0%
—	71	适用电机	0、1、3~6、13~16、23、24、40、43、44、50、53、54	1	0
—	72	PWM 频率选择	0~15	1	1
—	73	模拟量输入选择	0、1、10、11	1	1
—	74	输入滤波时间常数	0~8	1	1
—	75	复位选择/PU 脱离检测/PU 停止选择	0~3、14~17	1	14
—	77	参数写入选择	0、1、2	1	0
—	78	反转防止选择	0、1、2	1	0
—	◎79	运行模式选择	0、1、2、3、4、6、7	1	0
电机常数	80	电机容量	0.1~15 kW、9999	0.01 kW	9999
	81	电机级数	2、4、6、8、10、9999	1	9999
	82	电机励磁电流	0~500 A（0~****）、9999*5	0.01 A（1）*5	9999
	83	电机额定电压	0~1000 V	0.1 V	400 V
	84	电机额定频率	10~120 Hz	0.01 Hz	50 Hz
	89	速度控制增益（磁通矢量）	0~200%、9999	0.1%	9999
	90	电机常数（R1）	0~50 Ω（0~****）、9999*5	0.001 Ω（1）*5	9999
	91	电机常数（R2）	0~50 Ω（0~****）、9999*5	0.001 Ω（1）*5	9999
	92	电机常数（L1）	0~1000 mH（0~50 Ω、0~****）、9999*5	0.1 mH（0.001 Ω、1*5）	9999
	93	电机常数（L2）	0~1000 mH（0~50 Ω、0~****）、9999*5	0.1 mH（0.001 Ω、1*5）	9999
	94	电机常数（X）	0~100%（0~50 Ω、0~****）、9999*5	0.1%（0.01 Ω、1*5）	9999
	96	自动调谐设定/状态	0、1、11、21	1	0
PU 接口通信	117	PU 通信站号	0~31（0~247）	1	0
	118	PU 通信速率	48、96、192、384	1	192
	119	PU 通信停止位长	0、1、10、11	1	1
	120	PU 通信奇偶校验	0、1、2	1	2
	121	PU 通信再试次数	0~10、9999	1	1
	122	PU 通信校验时间间隔	0、0.1~999.8 s、9999	0.1 s	0
	123	PU 通信等待时间设定	0~150 ms、9999	1	9999
	124	PU 通信有无 CR/LF 选择	0、1、2	1	1

续表

功能	参数	名称	设定范围	最小设定单位	初始值
—	◎125	端子2频率设定增益频率	0~400 Hz	0.01 Hz	50 Hz
—	◎126	端子4频率设定增益频率	0~400 Hz	0.01 Hz	50 Hz
PID运行	127	PID控制自动切换频率	0~400 Hz、9999	0.01 Hz	9999
	128	PID动作选择	0、20、21、40~43、50、51、60、61	1	0
	129	PID比例带	0.1~1000%、9999	0.1%	100%
	130	PID积分时间	0.1~3600 s、9999	0.1 s	1 s
	131	PID上限	0.1~100%、9999	0.1%	9999
	132	PID下限	0.1~100%、9999	0.1%	9999
	133	PID动作目标值	0.1~100%、9999	0.01%	9999
	134	PID微分时间	0.01~10.00 s、9999	0.01 s	9999
PU	145	PU显示语言切换	0~7	1	1
—	146	生产厂家设定用参数，请不要设定			
—	147	加减速时间切换频率	0~400 Hz、9999	0.01 Hz	9999
电流检测	150	输出电流检测水平	0~200%	0.1%	150%
	151	输出电流检测信号延迟时间	0~10 s	0.1 s	0 s
	152	零电流检测水平	0~200%	0.1%	5%
	153	零电流检测时间	0~1 s	0.01 s	0.5 s
—	156	失速防止动作选择	0~31、100、101	1	0
—	157	OL信号输出延时	0~25 s、9999	0.1 s	0 s
—	158	AM端子功能选择	1~3、5.7~12.14、21、24、52、53、61、62	1	1
—	◎160	用户参数组读取选择	0、1、9999	1	0
—	161	频率设定/键盘锁定操作选择	0、1、10、11	1	0
再启动	162	瞬时停电再启动动作选择	0、1、10、11	1	1
	165	再启动失速防止动作水平	0~200%	0.1%	150%
—	168	生产厂家设定用参数，请不要设定			
—	169				
累计监视值清零	170	累计电度表清零	0、10、9999	1	9999
	171	实际运行时间清零	0、9999	1	9999
用户参数组	172	用户参数组注册数显示/一次性删除	9999、(0~16)	1	0
	173	用户参数注册	0~999、9999	1	9999
	174	用户参数删除	0~999、9999	1	9999

续表

功能	参数	名称	设定范围	最小设定单位	初始值
输入端子功能分配	178	STF 端子功能选择	0~5、7、8、10、12、14~16、18、24、25、60、62、65~67、9999	1	60
	179	STR 端子功能选择	0~5、7、8、10、12、14~16、18、24、25、61、62、65~67、9999	1	61
输入端子功能分配	180	RL 端子功能选择	0~5、7、8、10、12、14~16、18、24、25、62、65~67、9999	1	0
	181	RM 端子功能选择		1	1
	182	RH 端子功能选择		1	2
	183	MRS 端子功能选择		1	24
	184	RES 端子功能选择		1	62
输出端子功能分配	190	RUN 端子功能选择	0、1、3、4、7、8、11~16、20、25、26、46、47、64、90、91、93、95、96、98、99、100、101、103、104、107、108、111~116、120、125、126、146、147、164、190、191、193、195、196、198、199、9999	1	0
	191	FU 端子功能选择		1	4
	192	ABC 端子功能选择	0、1、3、4、7、8、11~16、20、25、26、46、47、64、90、91、95、96、98、99、100、101、103、104、107、108、111~116、120、125、126、146、147、164、190、191、195、196、198、199、9999	1	99
多段速度设定	232	多段速设定（8 速）	0~400 Hz、9999	0.01 Hz	9999
	233	多段速设定（9 速）	0~400 Hz、9999	0.01 Hz	9999
	234	多段速设定（10 速）	0~400 Hz、9999	0.01 Hz	9999
	235	多段速设定（11 速）	0~400 Hz、9999	0.01 Hz	9999
	236	多段速设定（12 速）	0~400 Hz、9999	0.01 Hz	9999
	237	多段速设定（13 速）	0~400 Hz、9999	0.01 Hz	9999
	238	多段速设定（14 速）	0~400 Hz、9999	0.01 Hz	9999
	239	多段速设定（15 速）	0~400 Hz、9999	0.01 Hz	9999
—	240	Soft-PWM 动作选择	0、1	1	1
—	241	模拟出入显示单位切换	0、1	1	0
—	244	冷却风扇的动作选择	0、1	1	1

续表

功能	参数	名称	设定范围	最小设定单位	初始值
转差补偿	245	额定转差	0~50%、9999	0.01%	9999
	246	转差补偿时间常数	0.01~10s	0.01s	0.5 s
	247	恒功率区域转差补偿选择	0、9999	1	9999
—	249	启动时接地检测的有无	0、1	1	1
—	250	停止选择	0~100s、1000~1100 s、8888、9999	0.1s	9999
—	251	输出缺相保护选择	0、1	1	1
寿命诊断	255	寿命报警状态显示	（0~15）	1	0
	256	浪涌电流抑制电路寿命显示	（0~100%）	1%	100%
	257	控制电路电容器寿命显示	（0~100%）	1%	100%
	258	主电路电容器寿命显示	（0~100%）	1%	100%
	259	测定主电路电容器寿命	0、1（2、3、8、9）	1	0
掉电停止	261	掉电停止方式选择	0、1、2	1	0
—	267	端子 4 输入选择	0、1、2	1	0
—	268	监视器小数位数选择	0、1、9999	1	9999
—	269	厂家设定用参数，请勿自行设定			
—	270	挡块定位控制选择	0、1	1	0
挡块定位控制	275	挡块定位励磁电流低速倍速	0~3000%、9999	0.1%	9999
	276	挡块定位时 PWM 载波频率	0~9、9999	1	9999
—	277	失速防止电流切换	0、1	1	0
制动顺控功能	278	制动开启频率	0~30 Hz	0.01 Hz	3 Hz
	279	制动开启电流	0~200%	0.1%	130%
	280	制动开启电流检测时间	0~2 s	0.1s	0.3s
	281	制动开启操作开始时间	0~5 s	0.1s	0.3s
	282	制动操作频率	0~30 Hz	0.01 Hz	6 Hz
	283	制动操作停止时间	0~5 s	0.1s	0.3s
固定偏差控制	286	增益偏差	0~100%	0.1%	0%
	287	滤波器偏差时定值	0~1 s	0.01s	0.3s
—	292	自动加减速	0、1、7、8、11	1	0
—	293	加速减速个别动作选择模式	0~2	1	0
—	295	频率变化量设定	0、0.01、0.10、1.00、10.00	0.01	0
—	298	频率搜索增益	0~32 767、9999	1	9999

续表

功能	参数	名称	设定范围	最小设定单位	初始值
—	299	再启动时的旋转方向检测选择	0、1、9999	1	0
数字输入	300	BCD 输入偏置	0~400 Hz	0.01 Hz	0
	301	BCD 输入增益	0~400 Hz、9999	0.01 Hz	50
	302	BIN 输入偏置	0~400 Hz	0.01 Hz	0
	303	BIN 输入增益	0~400 Hz、9999	0.01 Hz	50
	304	数字输入及模拟量输入补偿选择	0、1、10、11、9999	1	9999
	305	读取时钟动作选择	0、1、10	1	0
模拟量输出	306	模拟量输出信号选择	1~3、5、7~12、14、21、24、52、53	1	2
	307	模拟量输出零时设定	0~100%	0.1%	0
	308	模拟量输出最大时设定	0~100%	0.1%	100
模拟量输出	309	模拟量输出信号电压/电流切换	0、1、10、11	1	0
	310	模拟量仪表电压输出选择	1~3、5、7~12、14、21、24、52、53	1	2
	311	模拟量仪表电压输出零时设定	0~100%	0.1%	0
	312	模拟量仪表电压输出最大时设定	0~100%	0.1%	100
数字输出	313	D00 输出选择	0、1、3、4、7、8、11~16、20、25、26、46、47、64、90、91、93、95、96、98、99、100、101、103、104、107、108、111~116、120、125、126、146、147、164、190、191、193、195、196、198、199、9999	1	9999
	314	D01 输出选择		1	9999
	315	D02 输出选择		1	9999
	316	D03 输出选择		1	9999
	317	D04 输出选择		1	9999
	318	D05 输出选择		1	9999
	319	D06 输出选择		1	9999
继电器输出	320	RA1 输出选择	0、1、3、4、7、8、11~16、20、25、26、46、47、64、90、91、95、96、98、99、9999	1	0
	321	RA2 输出选择		1	1
	322	RA3 输出选择		1	4
模拟量输出	323	AM0 0 V 调整	900~1100%	1%	1000
	324	AM1 0 mA 调整	900~1100%	1%	1000
—	329	数字输入单位选择	0、1、2、3	1	1
RS-485 通信	338	通信运行指令权	0、1、	1	0
	339	通信速率指令权	0、1、2	1	0

续表

功能	参数	名称	设定范围	最小设定单位	初始值
RS-485通信	340	通信启动模式选择	0、1、10	1	0
	342	通信 EEPROM 写入选择	0、1	1	0
	343	通信错误计数	—	1	0
DeviceNet	345	DeviceNet 地址	0~4095	1	63
	346	DeviceNet 波特率	0~4095	1	132
—	349	通信复位指令	0、1	1	0
LONWORKS通信	387	初始通信延迟时间	0~120 s	0.1 s	0 s
	388	节拍时发送间隔	0~999.8 s	0.1 s	0 s
	389	节拍时最小发送时间	0~999.8 s	0.1 s	0.5 s
	390	%设定基准频率	1~400 s	0.01 Hz	50 Hz
	391	节拍时接收间隔	0~999.8 s	0.1 s	0 s
	392	事件驱动检测范围	0.00~163.83%	0.01%	0%
第 2 电机常数	450	第 2 适用电机	0、1、9999	1	9999
远程输出	495	远程输出选择	0、1、10、11	1	0
	496	远程输出内容 1	0~4095	1	0
	497	远程输出内容 2	0~4095	1	0
通信错误	500	通信异常执行等待时间	0~999.8 s	0.1 s	0
	501	通信异常发生次数显示	0	1	0
—	502	通信异常时停止模式选择	0、1、2、3	1	0
维护	503	维护定时器	0（1~9998）	1	0
	504	维护定时器报警输出设定时间	0~9998、9999	1	9999
CC-Link	541	频率指令符合选择（CC-Link）	0、1	1	0
	542	通信站号（CC-Link）	1~64	1	1
	543	波特率选择（CC-Link）	0~4	1	0
	544	CC-Link 扩展设定	0、1、12、14、18	1	0
USB	547	USB 通信站号	0~31	1	0
	548	USB 通信检查时间间隔	0~999.8 s、9999	0.1s	9999
通信	549	协议选择	0、1	1	0
	550	网络模式操作权选择	0、2、9999	1	9999
	551	PU 模式操作权选择	2~4、9999	1	9999

续表

功能	参数	名称	设定范围	最小设定单位	初始值
电流平均值监视器	555	电流平均时间	0.1~1.0 s	0.1 s	1 s
	556	数据输出屏蔽时间	0.0~20.0 s	0.1 s	0 s
	557	电流平均值监视信号基准输出电流	0~500 A	0.01A	变频器额定电流
—	563	累计通电时间次数	（0~65 535）	1	0
—	564	累计运转时间次数	（0~65 535）	1	0
—	571	启动时维持时间	0.0~10.0 s、9999	0.1 s	9999
—	611	再启动时加速时间	0~3600 s、9999	0.1 s	9999
—	645	AM 0 V 调整	970~1200	1	1000
—	653	速度滤波控制	0~200%	0.1%	0
—	665	再生回避频率增益	0~200%	0.1%	100
—	800	控制方法选择	20、30	1	20
—	859	转矩电流	0~500 A（0~****）、9999*7	0.01 A（1）*7	9999
保护功能	872	输入缺相保护选择	0、1	1	1
再生回避功能	882	再生回避动作选择	0、1、2	1	0
	883	再生回避动作水平	300~800 V	0.1 V	DC 780 V
	885	再生回避补偿频率限制值	0~10 Hz、9999	0.01 Hz	6 Hz
	886	再生回避电压增益	0~200%	0.1%	100%
自由参数	888	自由参数 1	0~9999	1	9999
	889	自由参数 2	0~9999	1	999
校正参数	C1（901）*6	AM 端子校正	—	—	—
	C2（902）*6	端子 2 频率设定偏置频率	0~400 Hz	0.01 Hz	0 Hz
	C3（903）*6	端子 2 频率设定偏置	0~300%	0.1%	0%
	125（903）*6	端子 2 频率设定增益频率	0~400 Hz	0.01 Hz	50 Hz
	C4（903）*6	端子 2 频率设定增益	0~300%	0.1%	100%
	C5（904）*6	端子 4 频率设定偏置频率	0~400 Hz	0.01 Hz	0 Hz
	C6（904）*6	端子 4 频率设定偏置	0~300%	0.1%	20%
	126（905）*6	端子 4 频率设定增益频率	0~400 Hz	0.01 Hz	50 Hz
	C7（905）*6	端子 4 频率设定增益	0~300%	0.1%	100%
	C22~C25（922、923）	生产厂家设定用参数，请不要设定			

续表

功能	参数	名称	设定范围	最小设定单位	初始值
PU	990	PU 蜂鸣器音控制	0、1	1	1
	991	PU 对比度调整	0~63	1	58
清除参数初始值变更清单	Pr.CL	清除参数	0、1	1	0
	ALLC	参数全部清除	0、1	1	0
	Er.CL	清除报警历史	0、1	1	0
	Pr.CH	初始值变更清单	—	—	—

参考文献

[1] 程阔. 自动线安装与调试[M]. 合肥：中国科学技术大学出版社，2015.
[2] 孙家海. 自动线的安装与调试[M]. 北京：高等教育出版社，2009.
[3] 盛靖琪，陈永平. 自动线安装与调试[M]. 北京：机械工业出版社，2012.
[4] 李光中，周定颐. 电机及电力拖动[M]. 北京：机械工业出版社，2015.
[5] 吕景泉. 自动化生产线安装与调试[M]. 3 版. 北京：中国铁道出版社，2017.
[6] 常辉. 机电设备（自动线）安装与调试[M]. 北京：高等教育出版社，2011.
[7] 李兴莲. 自动化生产线安装与调试[M]. 北京：机械工业出版社，2017.
[8] 宁宗奇. 自动生产线装配、调试与维修[M]. 北京：机械工业出版社，2011.
[9] 赵振. 自动化生产线安装与调试[M]. 天津：天津大学出版社，2014.
[10] 何用辉. 自动化生产线安装与调试[M]. 北京：机械工业出版社，2017.
[11] 战崇玉，杨红霞. 自动化生产线安装与调试[M]. 武汉：华中科技大学出版社，2019.
[12] 周天沛，朱涛. 自动化生产线的安装与调试[M]. 2 版. 北京：化学工业出版社，2017.